U0052087

愛貓日常

插畫風刺繡小物

nekogao ◎著

contents

檸檬&萊姆

正面表情酷酷的、很可愛的貓咪，
跟酸味讓人成癮的柑橘，
兩者相似卻又好像不相干。

作法 ✤ P.34

1

2
3

作法 ⁂ P.42

5
4

下午茶時間

身上繡著茶壺＆茶杯的黑貓們。

今天的點心是夾心餅乾。

作法 ✤ P.42

法國麵包

有貓一次採買好幾根，也有貓一次買一根……
但怎麼買都好，貓咪嚐到的法國麵包都同樣美味。

作法 ⚘ P.44

6
7

BIRCH
Twigs—deep brown, glossy and extremely flexible at the ends of the branches, breathing pores large. Buds—slightly hairy, brown about ¼" long with many scales.
HORNBEAM
Twigs—slender and brown, slightly wrinkled. Buds—brown, pointed approximately ⅓" long, pressed close to the twig.
HAZEL
Twigs—brown, slightly hairy, wavy, rather brittle. Buds—green and blunt, rather remote from each other.
BEECH
Twigs—slender, rich brown and zig-zagging. Buds—thin, spiky ⅓" to 1" long with many light
scales.
SWEET CHESTNUT
Twigs—greenish, deeply ridged, stomata ('breathing pore') conspicuous. Buds—greenish brown, about long. Semi-lunar leaf scar, on prominent bracket, often to one side of the bud.
COMMON OAK
Twigs—darkish brown, ridged. Buds—small, brown and oval, approximately long, with numerous scales. Formed in groups at tip of the twig and also scattered along it.
heavy, grey and occasionally a little compressed, breathing pores conspicuous. Buds—small, black
scales. The terminal bud being larger. Leaf scar
defined, V-shaped
THE BERKSHIRE PRINTING CO. LTD., READING, ENGLAND

8

森林中

不論是爬上樹睡午覺或聞著花香，這些都喜歡！

作法 ✤ P.44

Japanese parsley
Oenanthe javanica (Blume)DC.

9

10

作法 ⁂ P.44

11
12

雨&雲

下雨天還是陰天，我都不討厭。
因為那是比平常更適合悠閒自在的日子。

作法 ✤ P.46

大口吸乾乾！

好吃的貓乾乾，
就以強烈到要吸起來的心情去享用！

作法 ♣ P.46

13

14
15

柏餅＆櫻餅

說到塞滿了紅豆餡、被葉子包著的好吃麻糬，就是這兩個了。

唉呀？我們該不會要被吃掉了吧？

作法 ✤ P.46

koneko小貓臉＆背影

齊瀏海＆中分頭的小貓臉。
虎斑貓的背影瀰漫著哀愁。

作法 ❖ **16 · 17** P.48
18 P.49

16
17
18

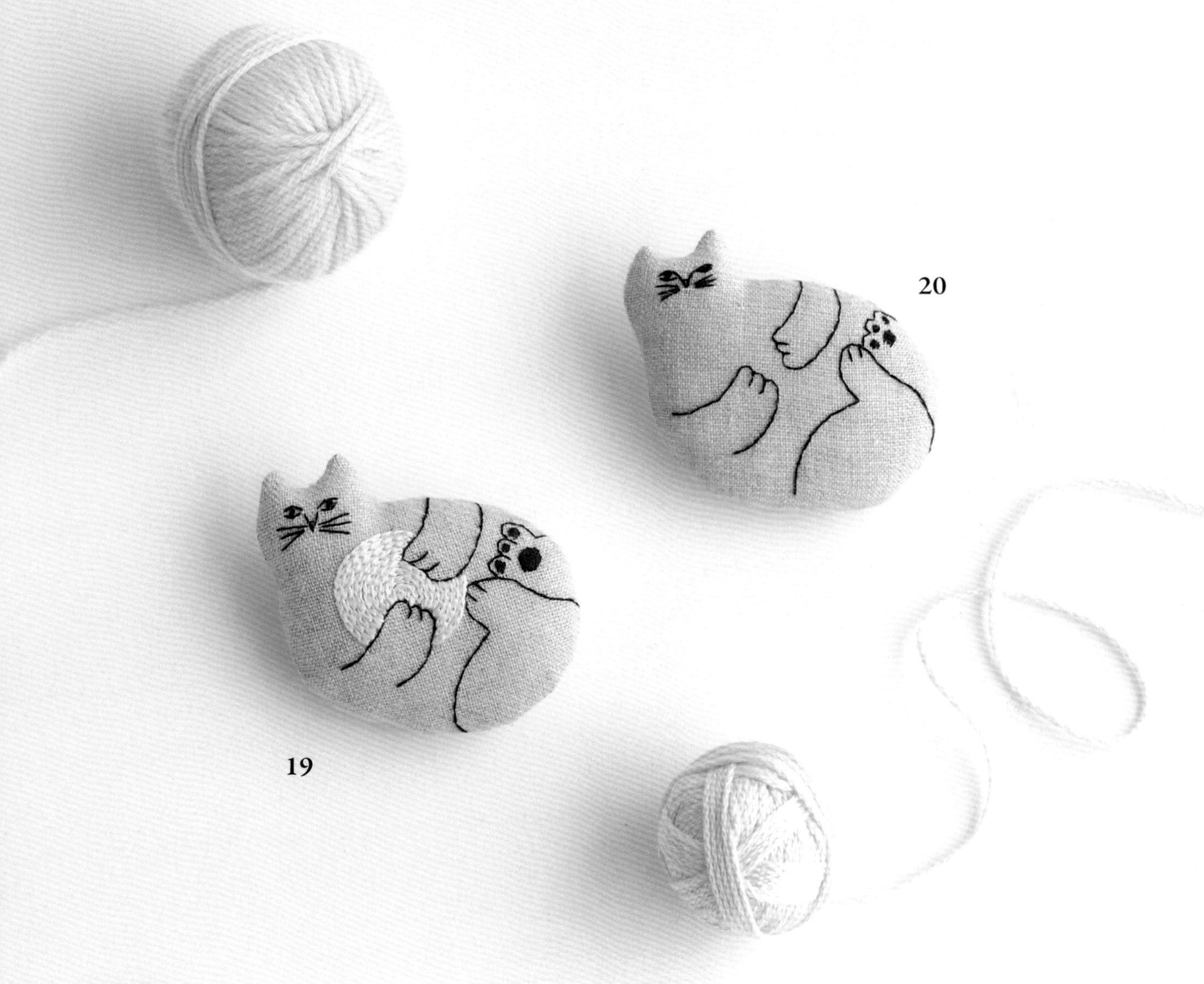
20
19

肚臍朝天

肚臍朝天滾倒在地。露出肚子很可愛，抱著毛線球的模樣也很棒！

作法 ✤ P.52

母雞蹲

藏手手的放鬆姿態。從正面＆從側面看，都好可愛呀！

作法 ✣ P.54

21

22

作法 ✣ P.56

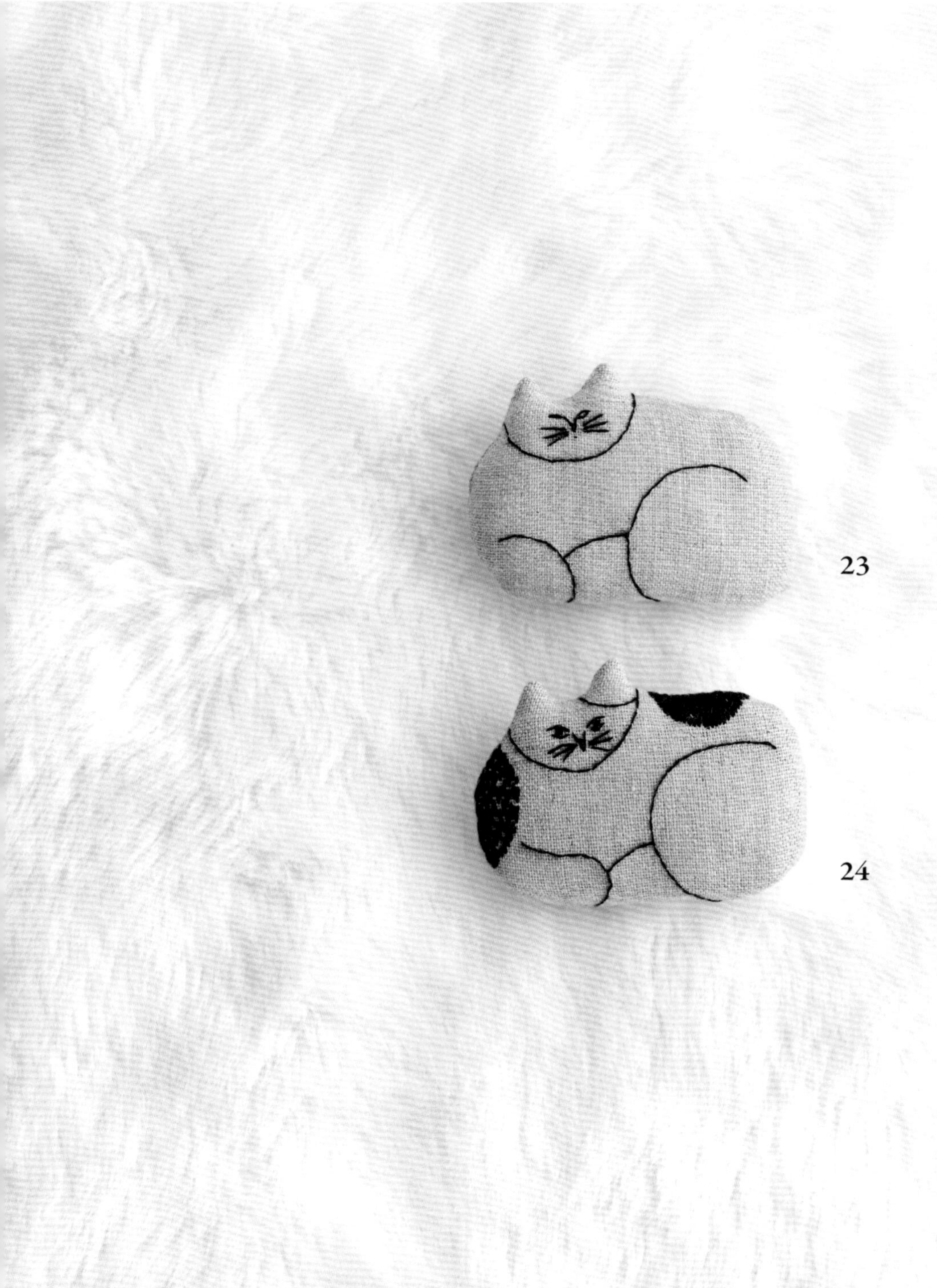

23

24

25
26

肖像畫

藉由填繡背景，使貓咪的模樣鮮明浮現，
再裱裝在木框裡，完成肖像畫般的作品。

作法 ✤ P.55

蛋形貓咪掛飾

胖嘟嘟的可愛蛋形貓咪。
不單單可以吊掛裝飾，
作成香包也很討喜！

作法 ❖ P.58

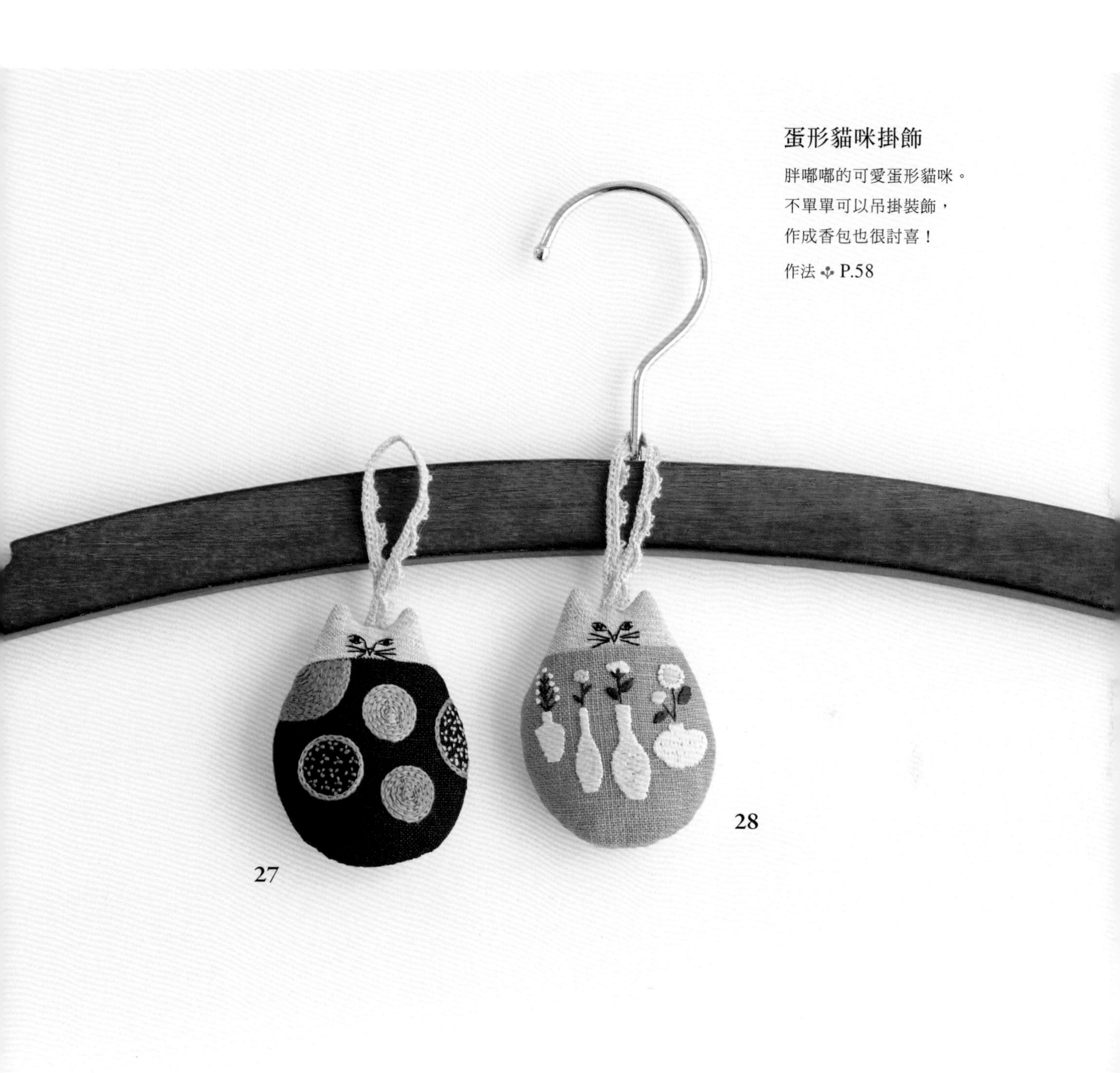

27

28

各式各樣的吊飾

搖來晃去，擺來盪去……

既可以是住家裝飾，也能是外出貓伴。

作法 29 P.60 30 P.61

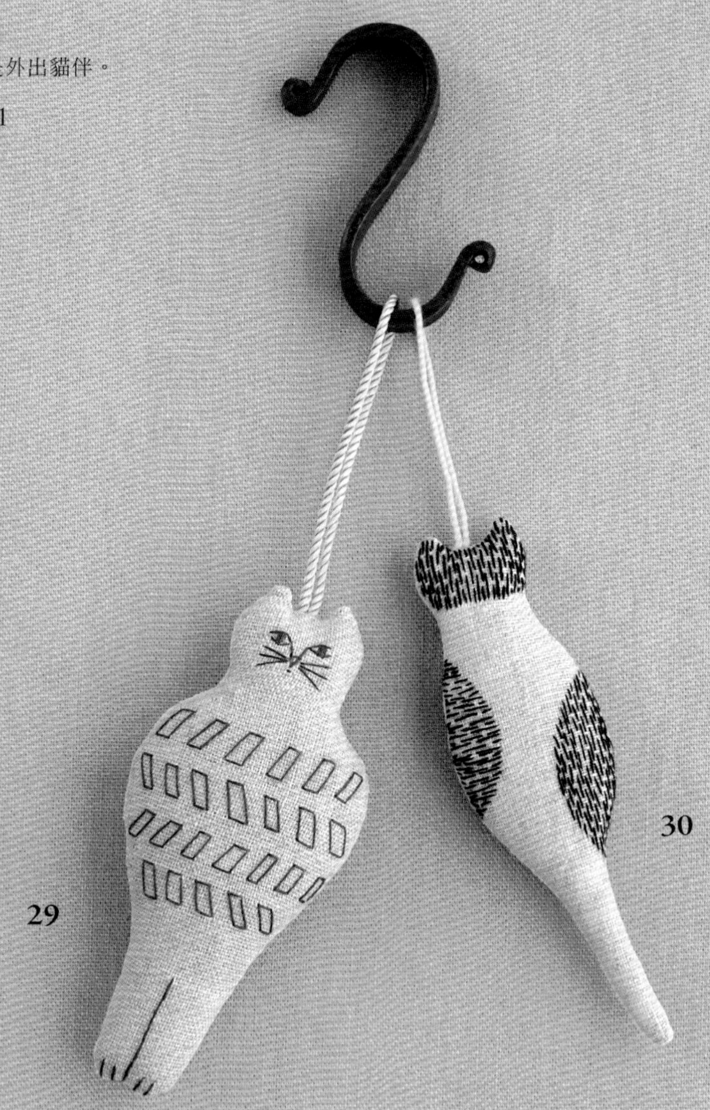

29

30

作法 P.62
31
32

親子貓咪懸掛飾物

貓媽媽帶著貓小孩一同空中散步。

懸掛吊飾生動地傳遞出了牠們的親暱互動。

作法 ✣ P.64

33

杯墊

放上玻璃杯時，往杯底看去，就會跟貓咪四目相對喔！

作法 ⁂ P.68

35
34
36

口金錢包

37

在圓鼓鼓的深紅色口金錢包上，聚集了三隻貓臉貼布繡！

作法 ✤ P.74

38

化身口金錢包，似乎正在緊盯某個目標的貓咪君，最以漂亮的毛皮&長鬍鬚為傲了！　作法 ✤ P.74

方形波奇包

在內容量充裕的收納包上，有隨微風搖擺的貓咪＆全力用餐中的貓咪相伴。

作法 ❀ P.76

39

40

小手提包

蜷縮成一球的貓咪身旁，
是水果、花草＆貓乾乾。
將帆布繡上如畫的圖案，
簡單製作小手提包吧！

作法 ✤ P.80

41

42
43

魚板形小物包

夾入鋪棉手縫壓線，作出蓬軟感。平針繡的輪廓，也使貓咪的表情顯得格外柔和。

作法 ⁂ P.82

斜背束口袋

個性獨特的貓咪們優雅集合中。容易製作的束口袋，也可以作成隨身斜背小包包。

作法 ✤ P.86

44

開始刺繡前

開始刺繡前，先熟悉刺繡基礎吧！
※作法頁標示的數字單位皆為cm（公分）。

⁛ 工具

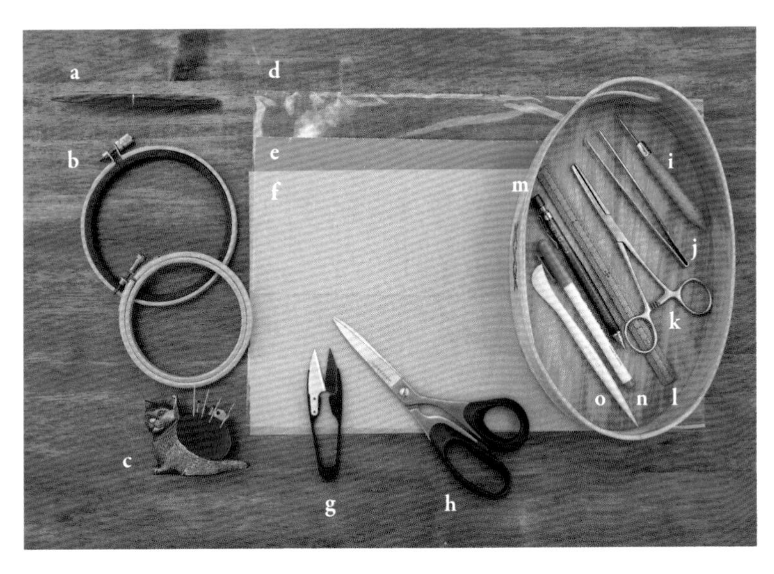

a
b
c
d
e
f
g
h
i
j
k
l
m
n
o

a **鐵筆**
在玻璃紙上描繪圖案時使用。也可以拿沒有墨水的原子筆來代替。

b **繡框**（12cm・10cm）
用於固定並繃緊繡布，以防皺褶。可依作品大小選擇繡框尺寸。

c **珠針・法國刺繡針・手縫針・針插**
珠針可在轉描圖案時固定圖紙，防止圖案偏移走位，以及縫製作品時使用。

d **玻璃紙**
將圖案複寫至布料上時可以帶來滑溜的描圖感，並且保護圖案。以包裝袋代替也OK。

e **布用複寫紙（單面）**
將圖案複寫至布料上時使用。請準備能以水消除筆跡的複寫紙。

f **描圖紙或薄紙**
描摹書上的刺繡圖案時使用。

g **線剪**
剪斷繡線＆修剪線頭等細微處的方便小剪刀。

h **布剪** 用於裁剪布料。

i **錐子**
輔助將布翻回正面＆挑出邊角時使用。

j **鑷子**
塞入填充棉花時使用，或輔助將布翻回正面的動作。

k **返裡鉗** 將布翻回正面時使用。

l **直尺** 畫車縫線或縫份線時使用。

m **自動鉛筆** 描繪原寸紙型＆刺繡圖案時使用。

n **水消記號筆**
將紙型放在布上，描畫車縫線或縫份線時使用。
推薦準備能以水消除筆跡的記號筆。

o **骨筆** 描劃返口的摺痕時使用。

關於法國刺繡針

NO.8
NO.7
NO.5

法國刺繡針的號數越大，代表繡針愈細、愈短。本書使用NO.8（1至2股線）、NO.7（3股線）、NO.5（6股線）。

⁛ 圖案的描摹方法

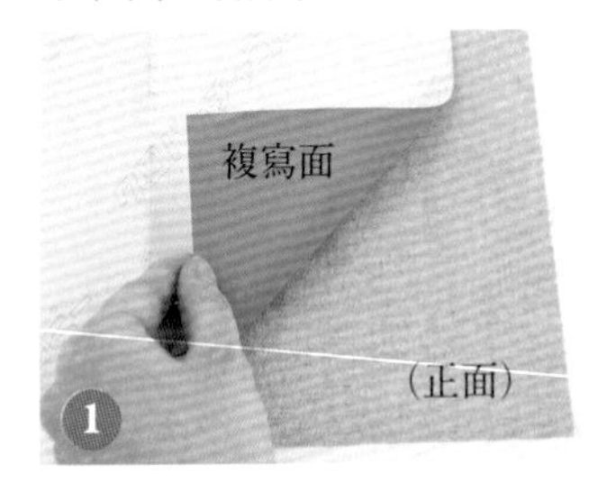

複寫面
（正面）
1

將單面複寫紙的複寫面朝下，與布料正面相對疊合。

2

在 ❶ 的上方放置畫好圖案的描圖紙或薄紙，再放上玻璃紙（玻璃紙可以讓鐵筆運行變滑順，並保護圖案）。以珠針固定，防止任何一層錯位，再以鐵筆開始描摹圖案。

3

圖案描摹完成！

∴ 25號繡線的取線方法

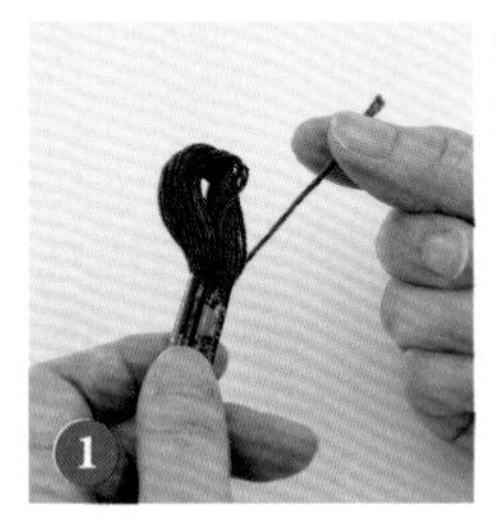
1

輕輕按住繡線的標籤，拉出線頭。

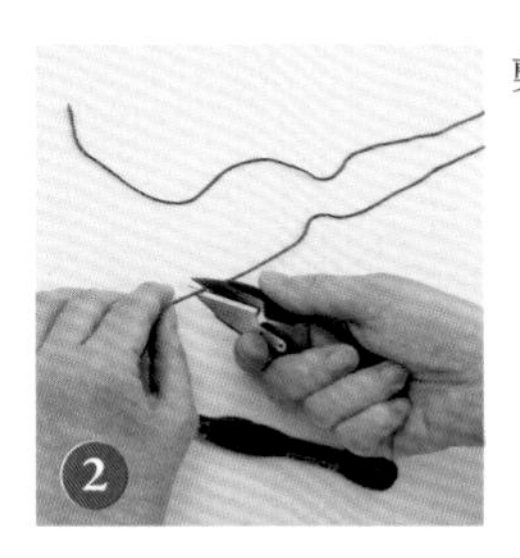
2

剪下 40 至 50cm 繡線。

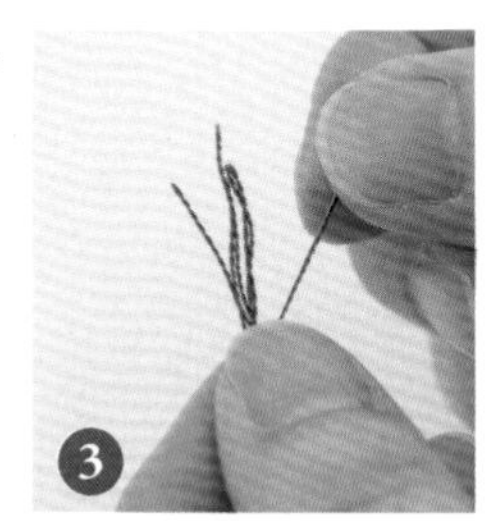
3

搓開線頭，把每股線分開，再逐一抽取需要的股數後一起穿針。※例如要以 6 股線刺繡時，仍務必一次抽出 1 股線，再將 6 股線一起穿針。

∴ 穿針的方法

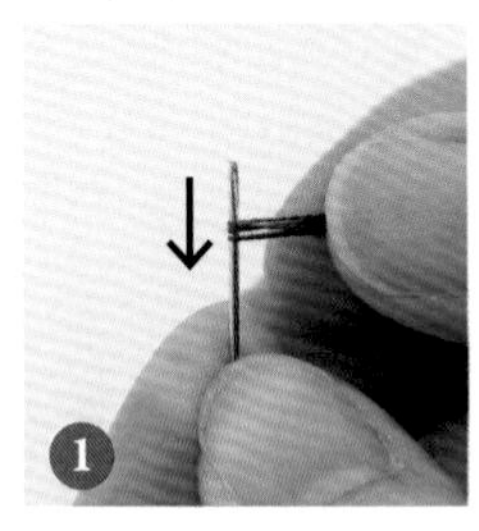
1

以線夾住針後，將線拉直成對摺的狀態，持針的手保持在使線繃直的位置，往下抽針。

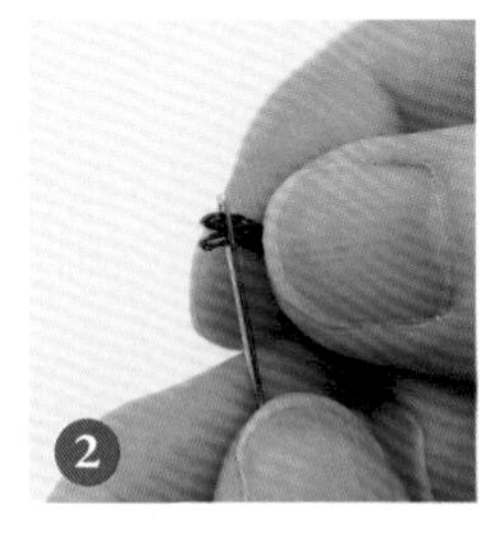
2

將繡線摺痕端穿過針孔。

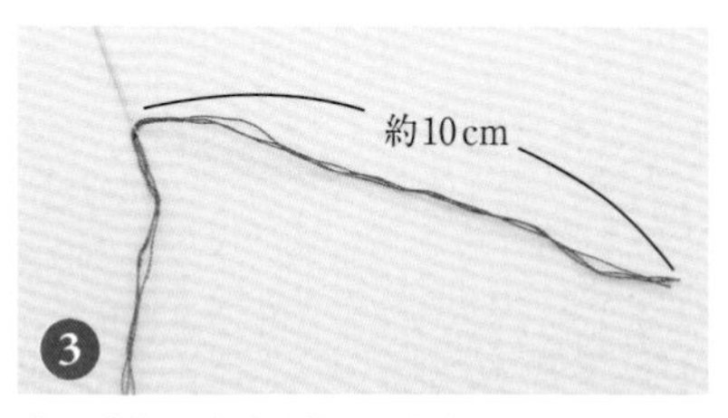
約10cm
3

穿入線後，將線頭拉至距離針 10cm 左右。

∴ 開始刺繡

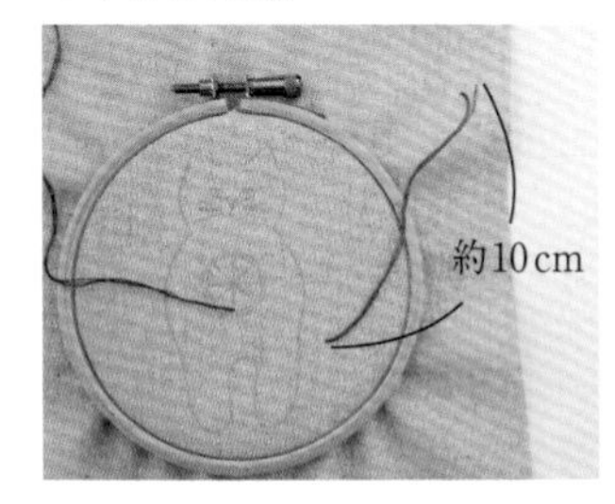
約10cm

在圖案不遠處，從正面入針＆留10cm左右的線頭後，在起繡點出針。預留的線頭會在最後拉至背面，進行與結束刺繡時相同的收線處理。

∴ 結束刺繡

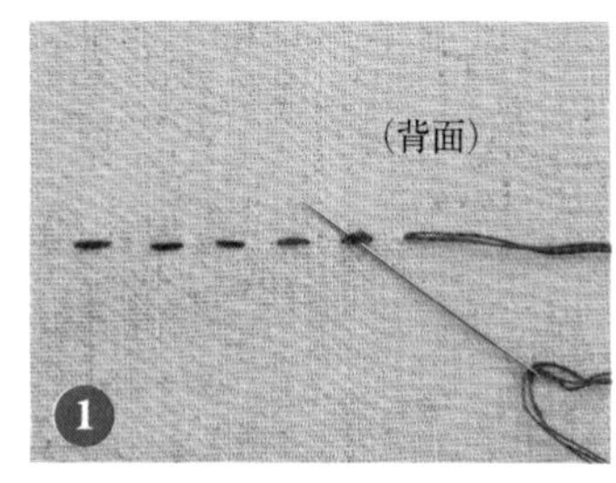
（背面）
1

刺繡結束時，往背面出針並穿過最後一個針目，進行收線。

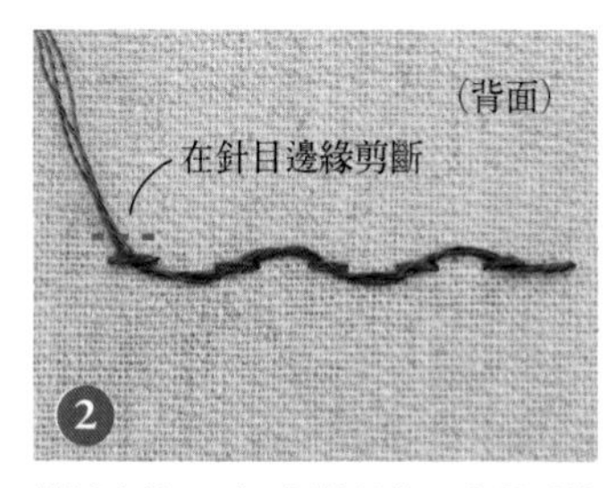
（背面）
在針目邊緣剪斷
2

繼續穿繞 3 至 4 個針目後，在針目邊緣剪斷線。

∴ 打結的方法

繡製臉部表情、進行平針繡＆織補繡等長線段的刺繡時，就先打個結再開始刺繡吧！

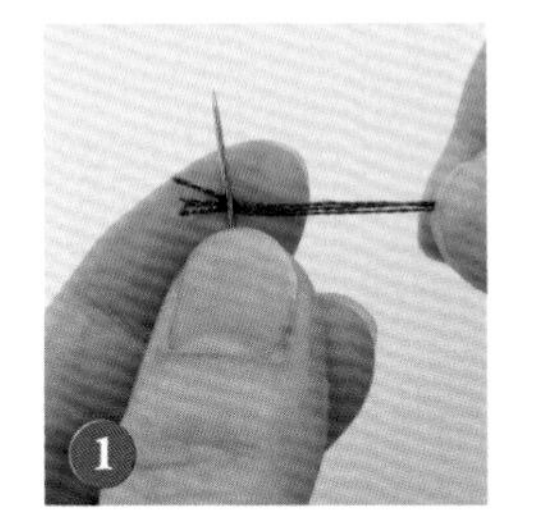
1

以針按住線頭。

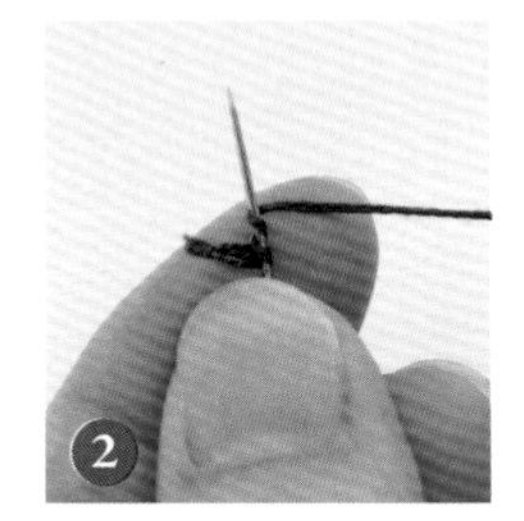
2

線繞針 2 圈。

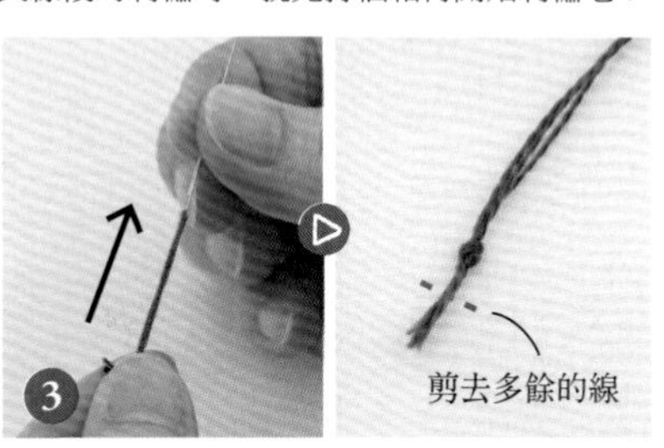
3
剪去多餘的線

拇指按住繞針的線，接著拔針，打結完成！

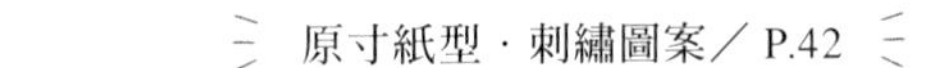

P.4

1 立身貓咪胸針的作法

原寸紙型・刺繡圖案／P.42

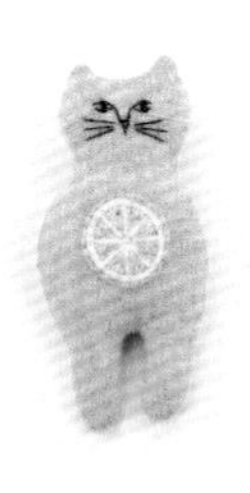

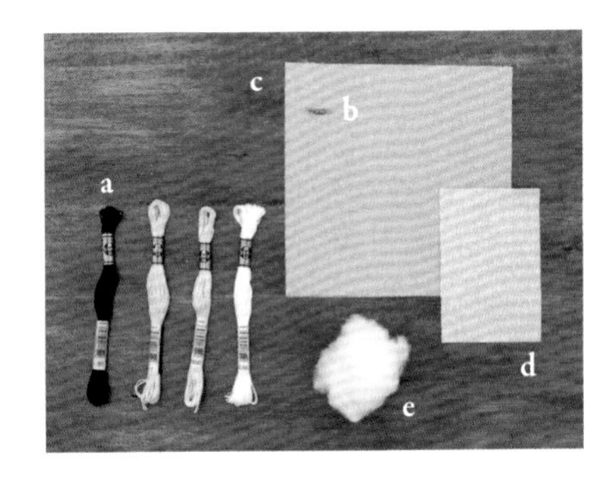

a
b
c
d
e

材料

a DMC 25號繡線（310、17、BLANC、3047）
b 胸針（2cm）
c 表布（亞麻布・米色）…18cm寬18cm
d 裡布（棉麻帆布・米色）…8cm寬12cm
e 填充棉花…適量

∴ 裝上繡框

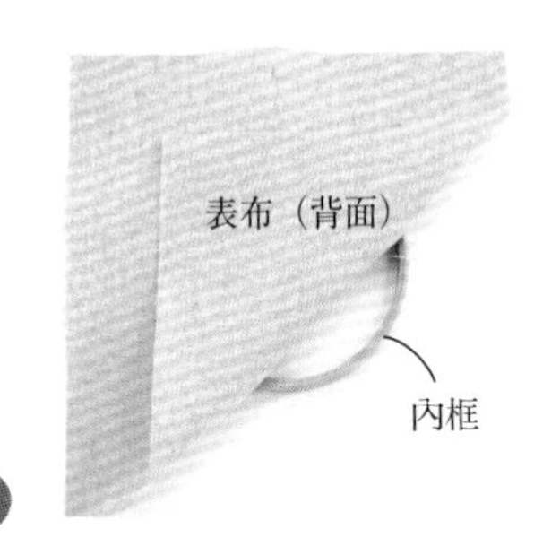

表布（背面）
內框

1 分開內外繡框。內框放在桌上，再放上畫好圖案的表布，並使圖案位於繡框中央。

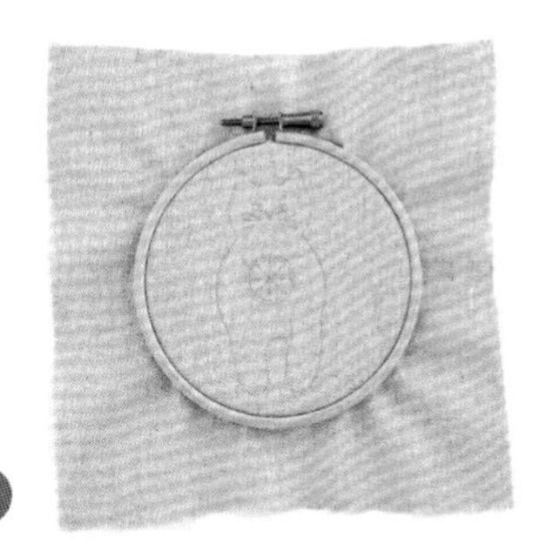

2 從正上方放下外框嵌合，拉動外圍布調整鬆緊度＆拉平皺褶後，栓緊螺絲。並注意使螺絲位於不易勾扯繡線的位置。

∴ 繡鼻子＆眼睛

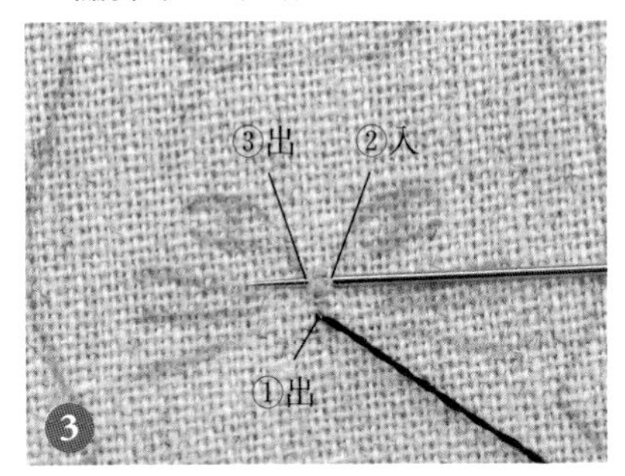

③出
②入
①出

3 取25號繡線（310，1股線），以回針繡繡出鼻子＆眼眶。打結後，從背面入針，在鼻頭出針（①）。再在右上方入針（②），如圖示出針（③）。

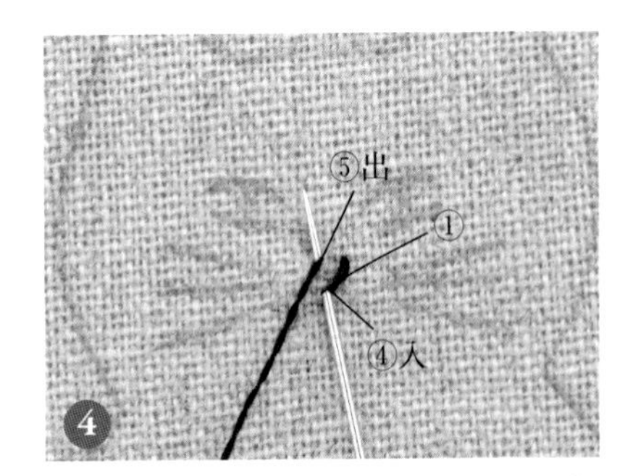

⑤出
①
④入

4 在①相同位置入針（④），從左上方出針（⑤）。

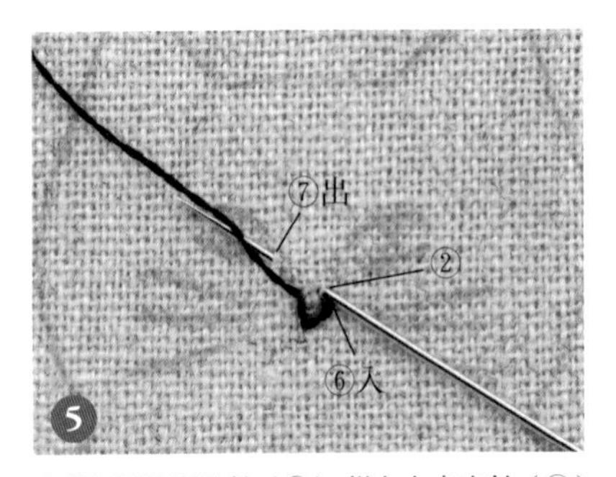

⑦出
②
⑥入

5 在②相同位置入針（⑥），從左上方出針（⑦）。

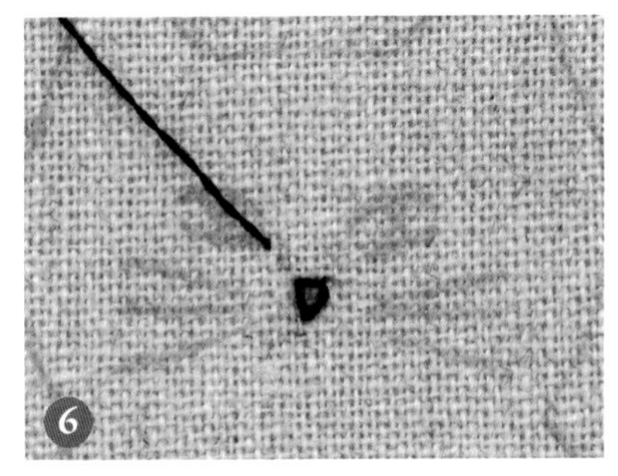

6 鼻頭繡好了！

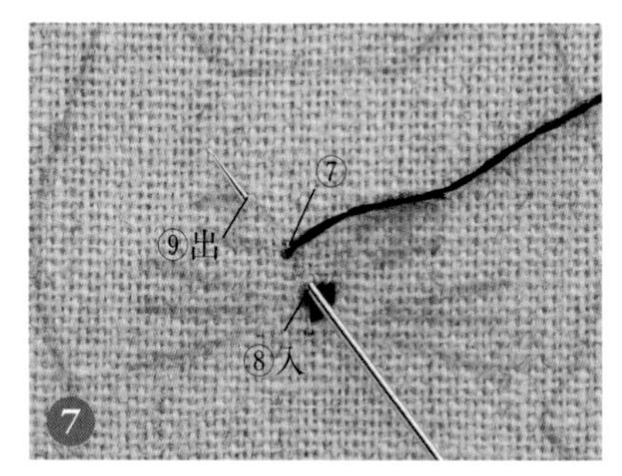
⑦
⑨出
⑧入
7
接著入針（⑧），在上眼眶出針（⑨）。

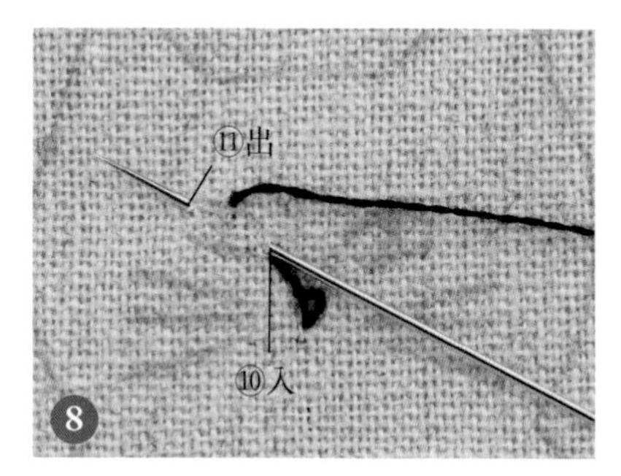
⑪出
⑩入
8
入針（⑩），然後出針（⑪）。

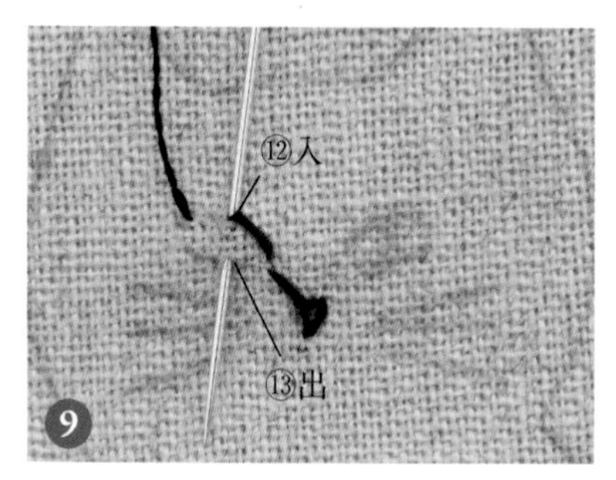
⑫入
⑬出
9
入針（⑫），在下眼眶出針（⑬）。

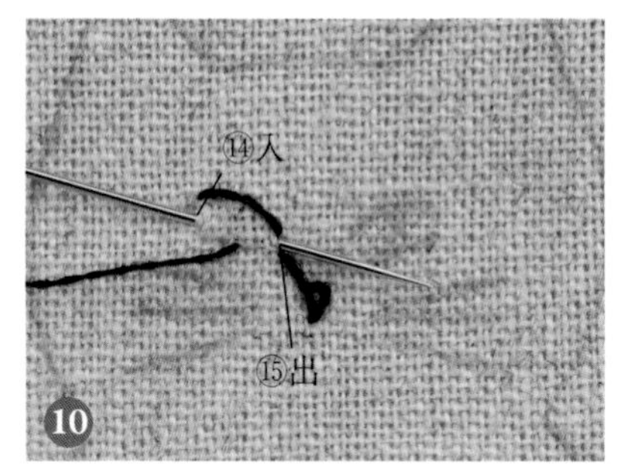
⑭入
⑮出
10
入針（⑭），然後出針（⑮）。

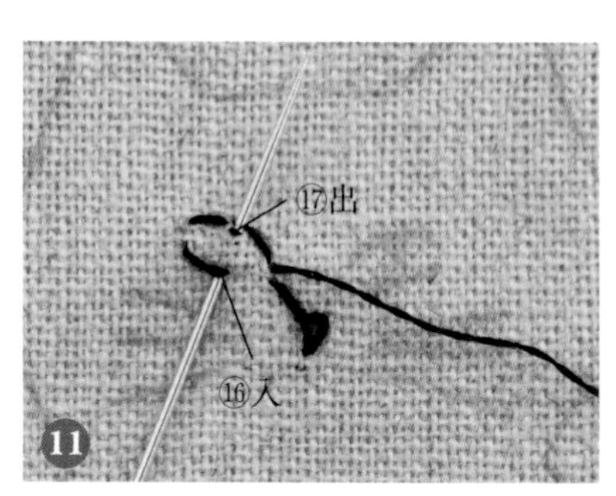
⑰出
⑯入
11
入針（⑯），在上眼眶中央出針（⑰）。

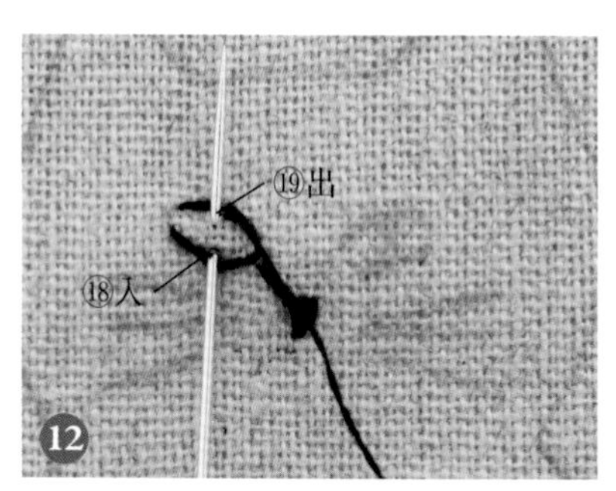
⑲出
⑱入
12
以緞面繡繡出眼珠。從下眼眶中央入針（⑱），在⑰旁邊出針（⑲）。重複繡 3 次。

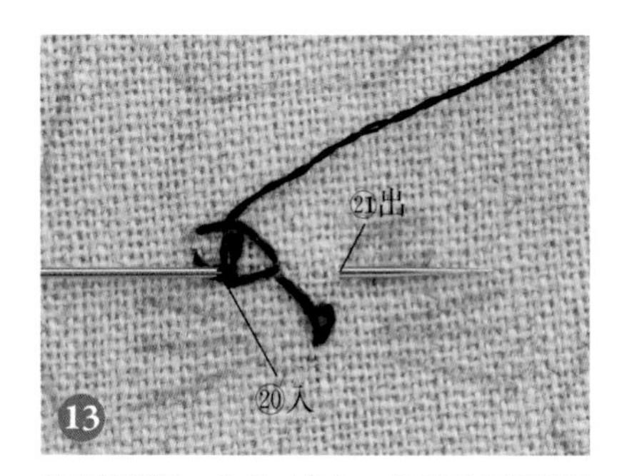
㉑出
⑳入
13
繡完眼睛後，入針（⑳），在鼻子右邊出針（㉑）。

14
以❼至⓬相同作法，繡出右邊的鼻樑＆眼睛。線不要剪掉先留著。

∴ 繡鬍鬚

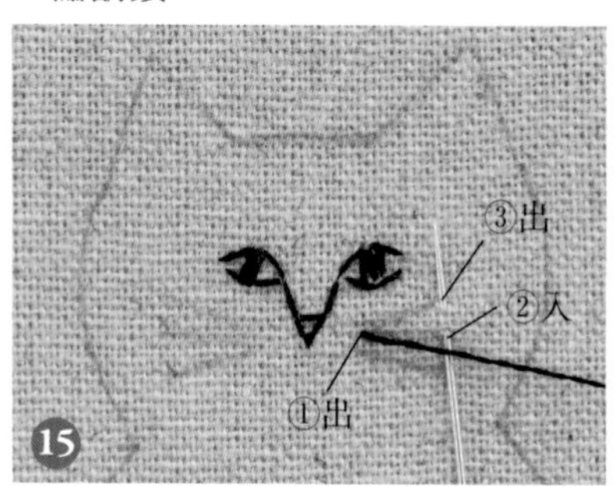
③出
②入
①出
15
以直線繡繡出鬍鬚。繼續從右邊的中間鬍鬚出針（①），入針（②），然後在上面的鬍鬚出針（③）。

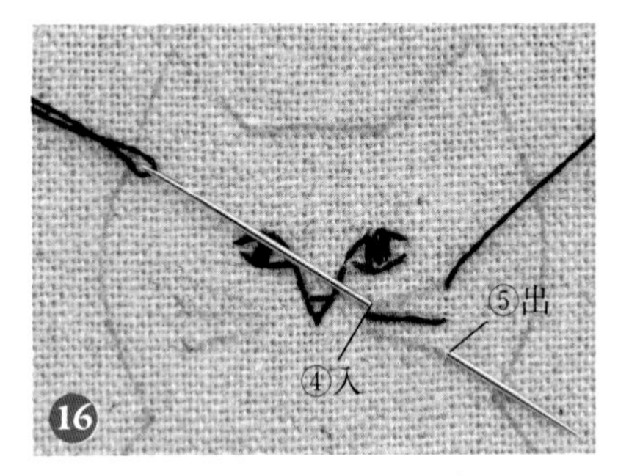
⑤出
④入
16

入針（④），在下面的鬍鬚出針（⑤）。

⑦出
⑥入
17

入針（⑥），在左邊中間的鬍鬚出針（⑦）。

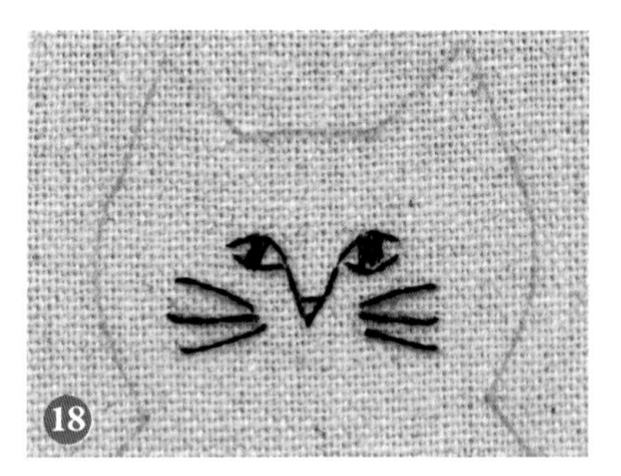
18

以⓯至⓱相同作法，繡出左邊的鬍鬚。繡完之後在背面出針。

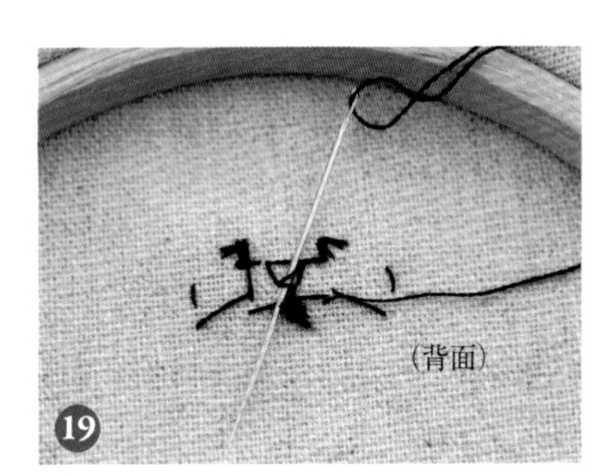
（背面）
19

穿繞3至4個針目，在針目邊緣剪斷線。

∴ 繡檸檬外皮

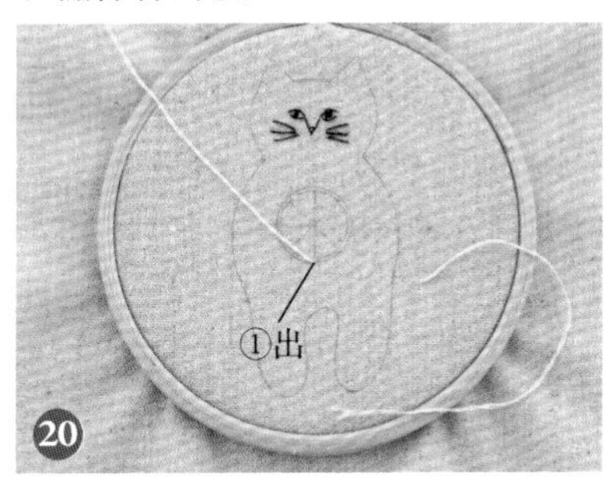
①出
20

取25號繡線（17・3股線），以鎖鏈繡繡出外側的圓圈。在距離圖案不遠處自正面入針，留10cm左右的線頭，從起繡點出針（①）。

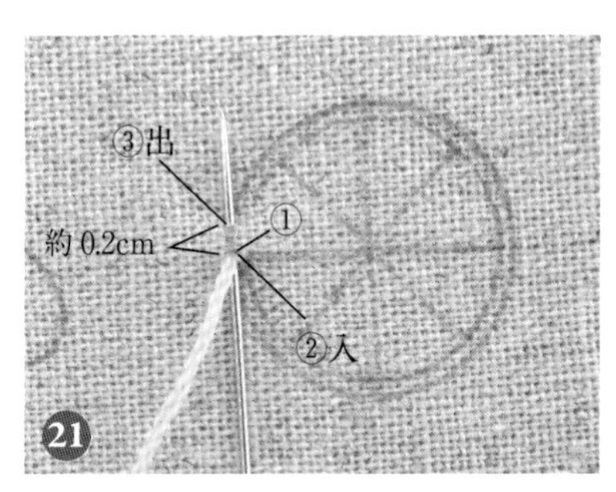
③出
約0.2cm
①
②入
21

在①相同位置入針（②），從距離約0.2cm處出針（③）。

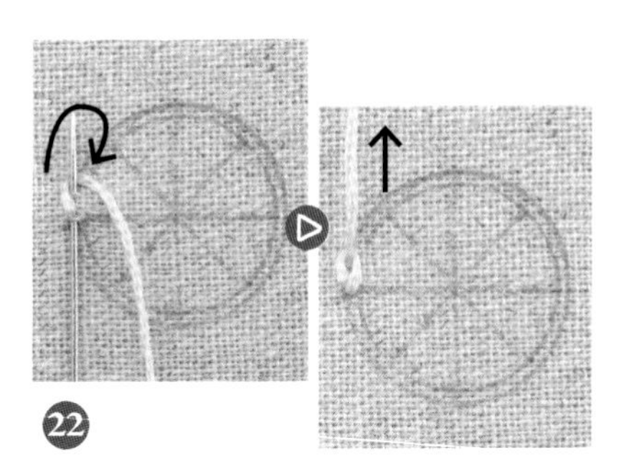
22

線繞過針頭後拔針。

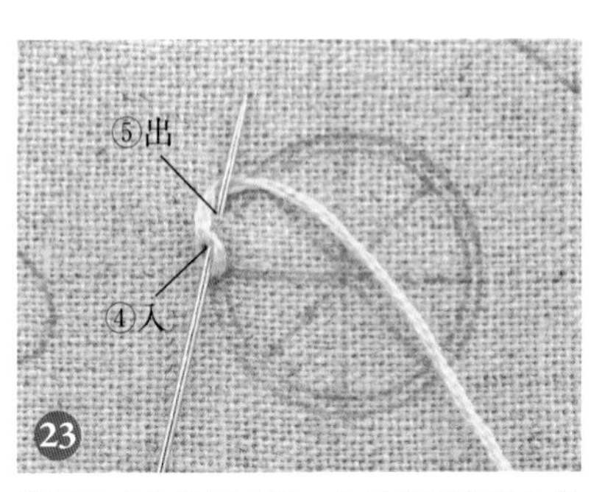
⑤出
④入
23

從剛完成的線圈內側，自③相同位置入針（④），在相距約0.2cm處出針（⑤），線繞過針頭後再拔針。

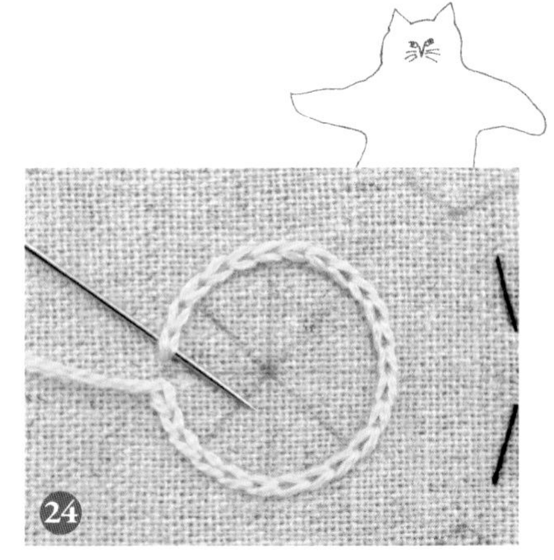
24

重複㉓繡一整圈，在檸檬外皮快完成前，針如圖所示穿過第一個鎖鏈繡線圈底下。

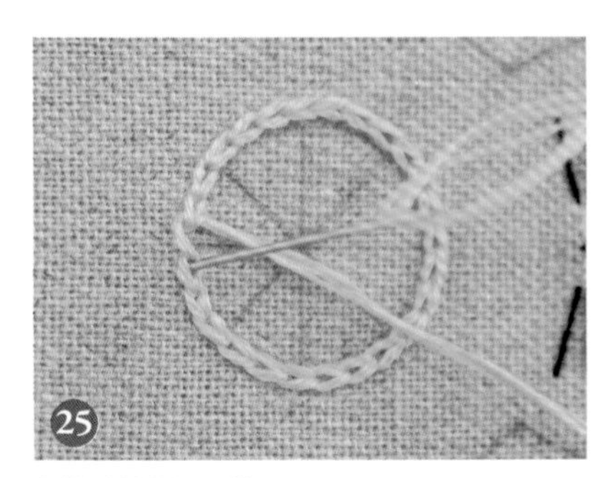

朝鎖鏈繡的洞入針。

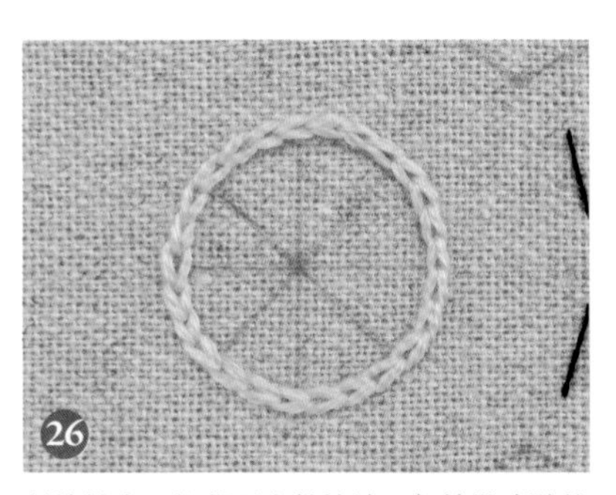

刺繡結束，往背面出針拉線。無接縫痕跡的一輪圓圈完成！

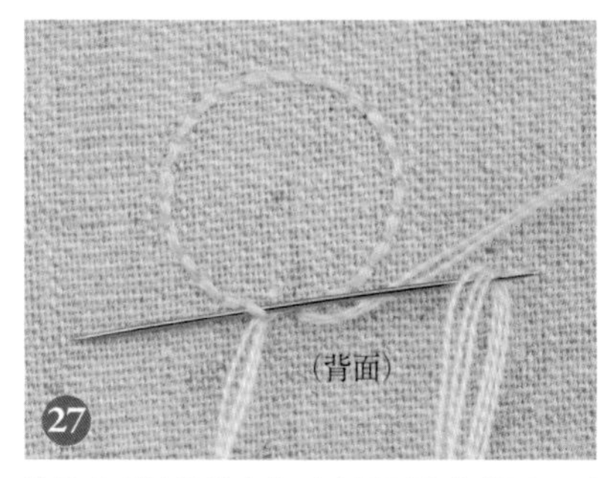

（背面）

使繡完剩餘的線在背面穿過最後的針目，再穿繞 3 至 4 個針目，沿針目邊緣剪線。

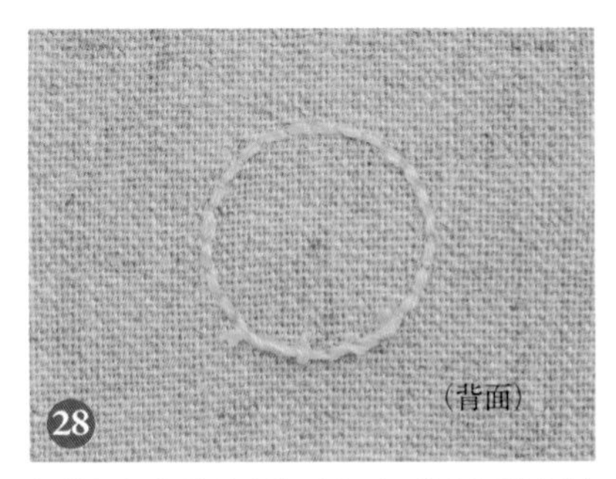

（背面）

起繡預留的線頭也拉至背面，作相同的刺繡結束收線處理。

∴ 繡檸檬內皮

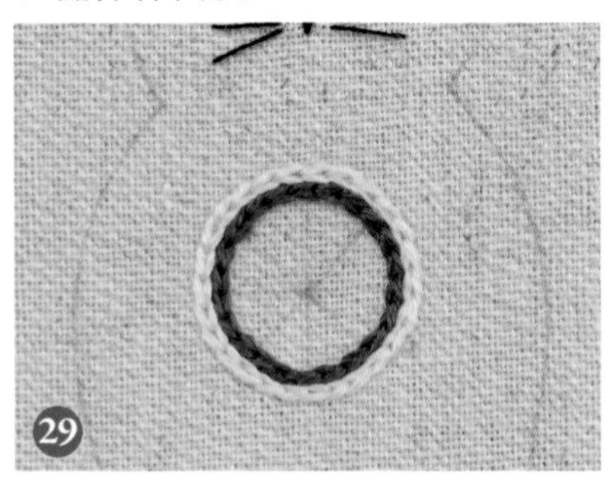

取25號繡線（BLANC・3股線），依❿至❻相同作法，以鎖鏈繡繡出內側的圓圈。但線不要剪斷，先留下來。※為了清楚辨識，在此使用不同顏色的繡線。

∴ 繡出果肉的線條

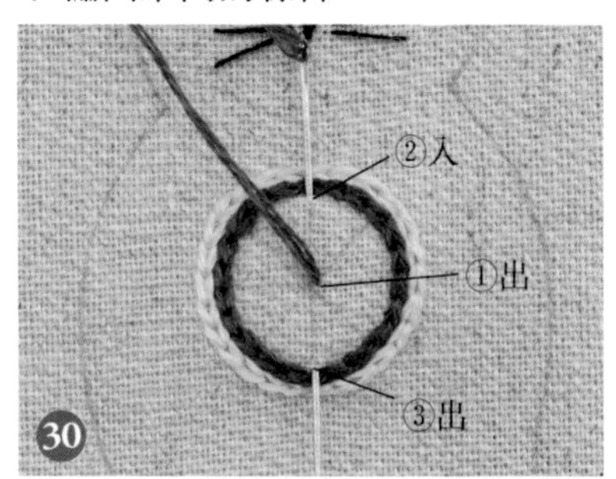

②入
①出
③出

繼續以 25 號繡線（BLANC・3 股線），依直、橫、斜順序進行直線繡。自接近檸檬中心處出針（①），在❾繡完的圓圈內側入針（②），再從下方出針（③）。

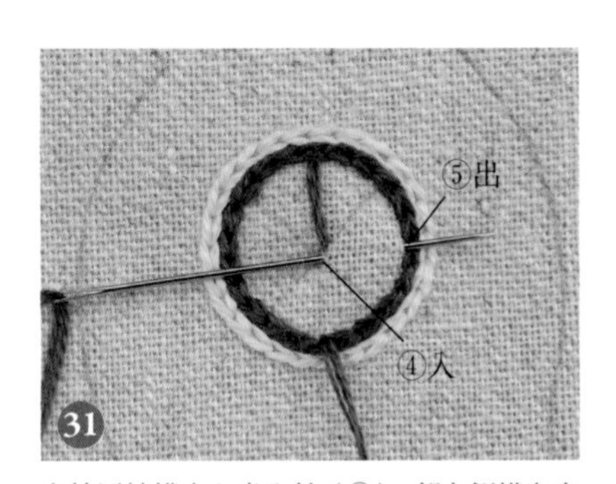

⑤出
④入

在接近檸檬中心處入針（④），朝右側橫向出針（⑤）。

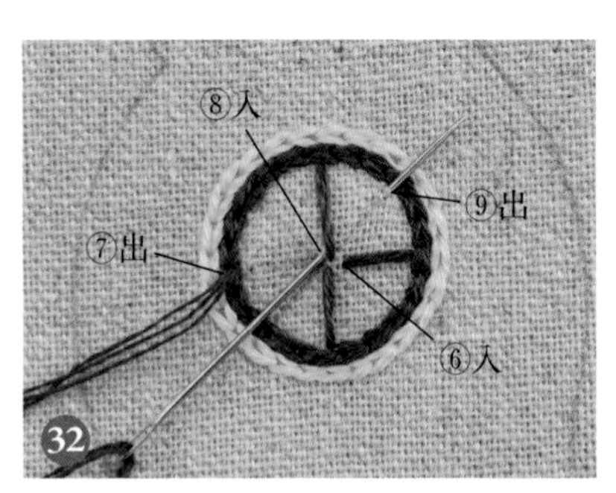

⑧入
⑨出
⑦出
⑥入

從距離中心不遠處入針（⑥），往左側橫向出針（⑦）。同樣從距離中心不遠處入針（⑧），往右斜上方出針（⑨）。

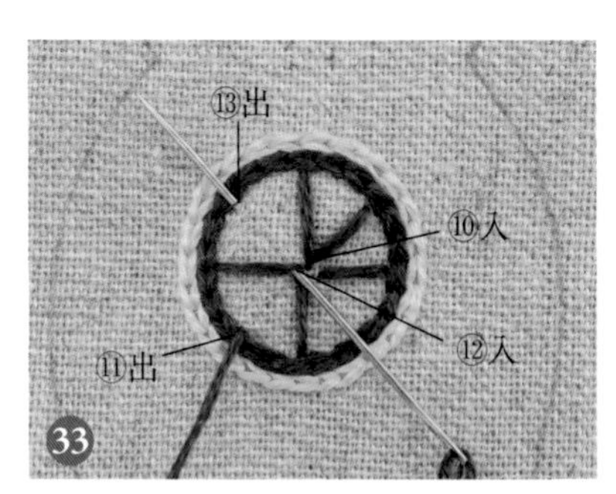

⑬出
⑩入
⑪出
⑫入

從中心不遠處入針（⑩），往左斜下方出針（⑪）。再從中心不遠處入針（⑫），往左斜上方出針（⑬）。

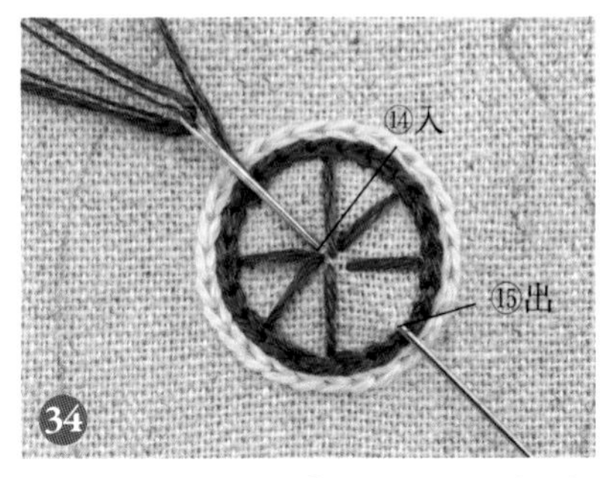
⑭入
⑮出
34

從中心不遠處入針（⑭），往右斜下方出針（⑮）。

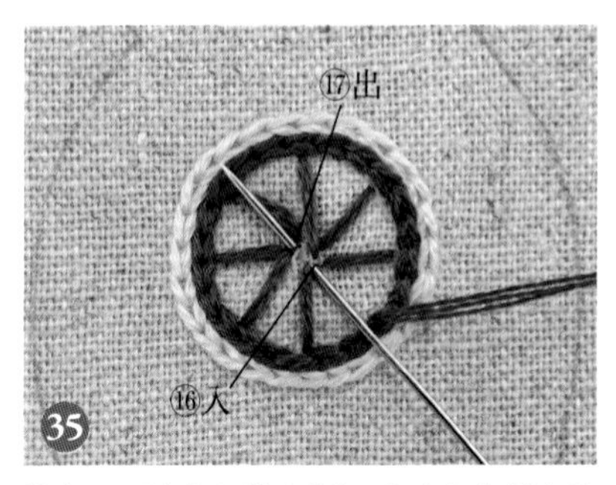
⑰出
⑯入
35

從中心不遠處入針（⑯），在中心左側出針（⑰）。

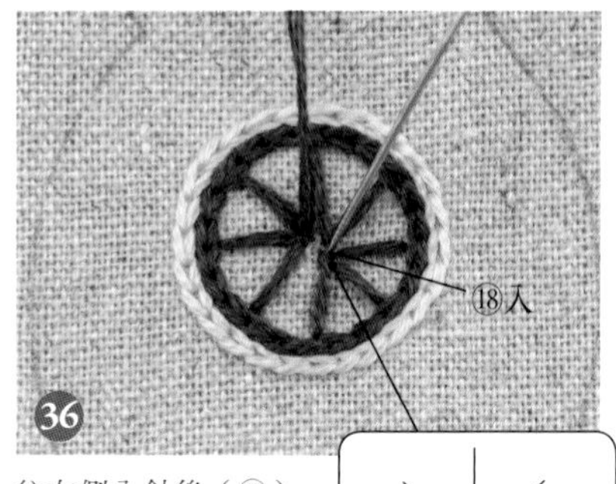
⑱入
36

往右側入針後（⑱），讓針從背面出針，進行收線處理。

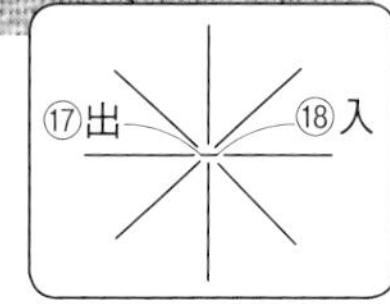
⑰出
⑱入

⁂ 繡果肉

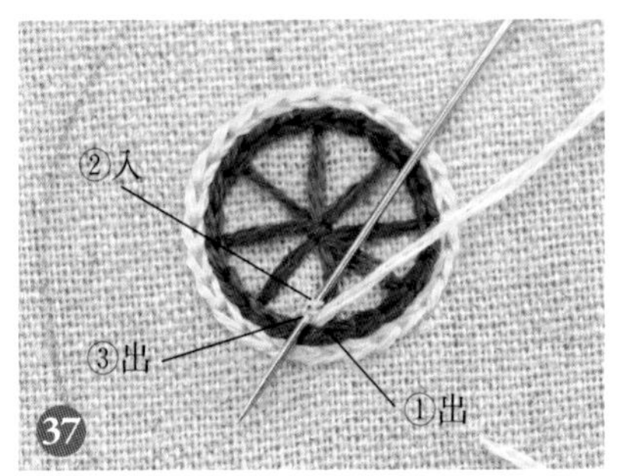
②入
③出
①出
37

取25號繡線（3047・3股線），以直線繡繡出果肉。預留起繡的線頭後，出針（①），在上方入針（②），再在①旁邊出針（③）。

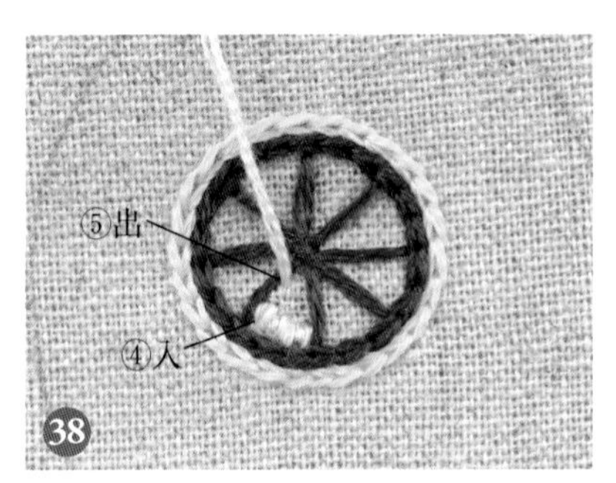
⑤出
④入
38

重複②③，由右至左橫向繡滿一段。第一段的最後為入針（④），再往更上方處出針（⑤）。

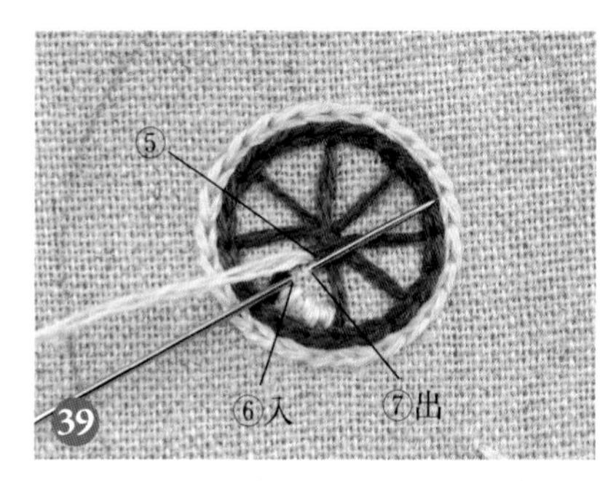
⑤
⑥入
⑦出
39

往右下方入針（⑥），緊鄰⑤出針（⑦）。進行第二段由左往右的刺繡。

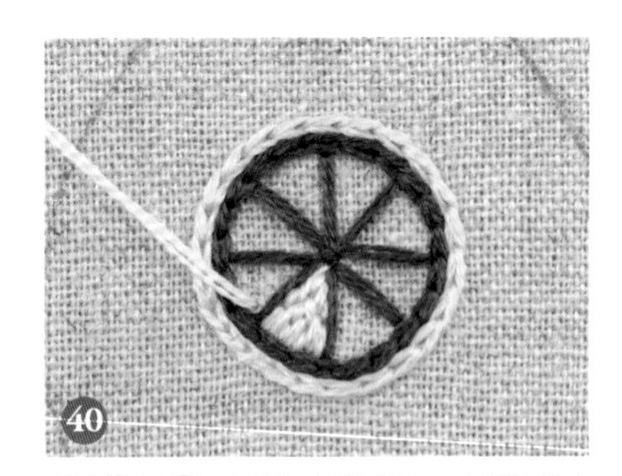
40

重複37至39，填滿一片果肉後，往相鄰的果肉處出針。

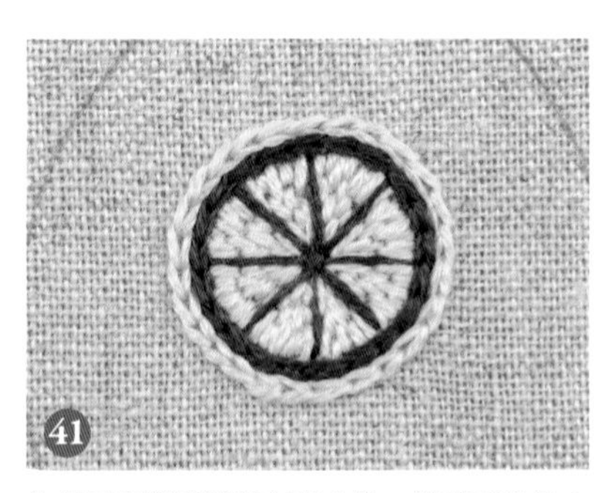
41

依相同步驟填滿所有果肉後，從背面出針&進行收線處理。

⁂ 縫合身體前・後片

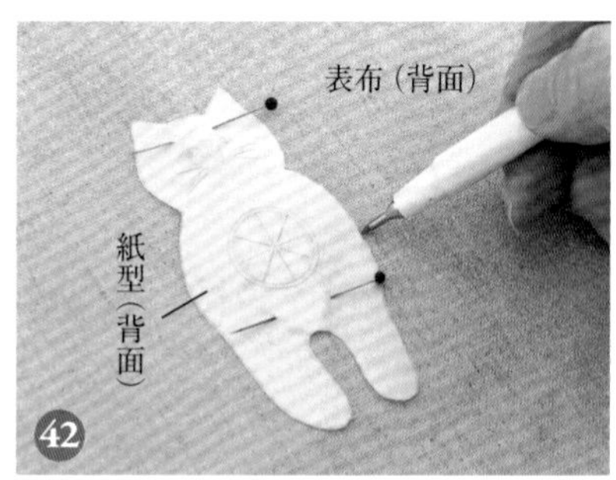
表布（背面）
紙型（背面）
42

表布翻至背面。沿車縫線（完成線）剪下紙型後翻至背面，對齊表布正面畫記的輪廓&以珠針固定，以記號筆畫出車縫線。

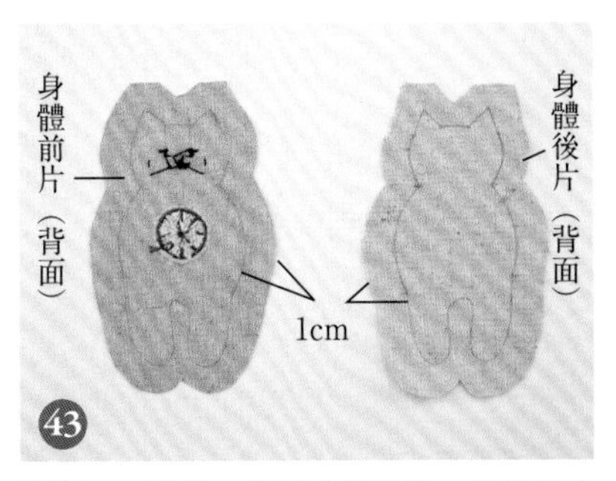
身體前片（背面）
身體後片（背面）
1cm
43

預留 1cm 縫份，剪下身體前片。身體後片改為將紙型正面朝上，疊放在裡布背面上方，再畫車縫線 & 預留 1cm 縫份後剪下。※ 身體前・後片應呈左右對稱。

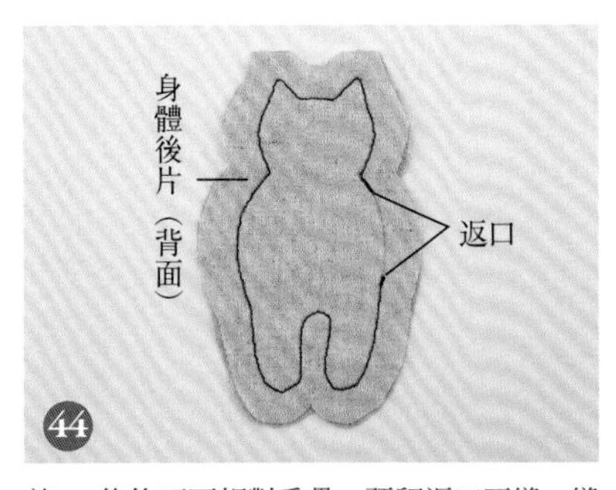
身體後片（背面）
返口
44

前・後片正面相對重疊，預留返口不縫，縫合一圈。※ 為了清楚辨識，在此使用不同顏色的繡線。

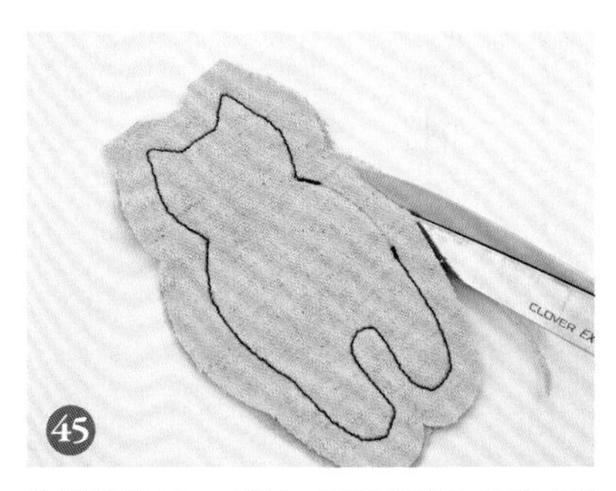
45

身體處留 0.7cm 縫份，耳朵 & 臉的縫份則修剪至 0.5cm。

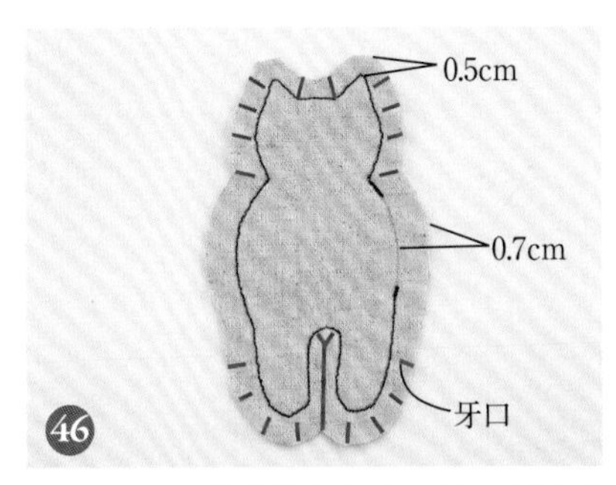
0.5cm
0.7cm
牙口
46

在弧邊 & 跨下的縫份處剪牙口（剪至距車縫線 0.2cm）。

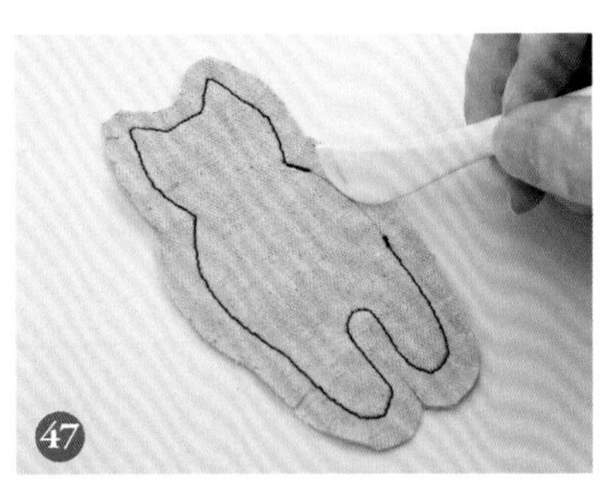
47

以骨筆沿返口的車縫線劃出摺痕。只要多加一道這個工序，將布返回正面後，返口的縫份會比較容易內摺。

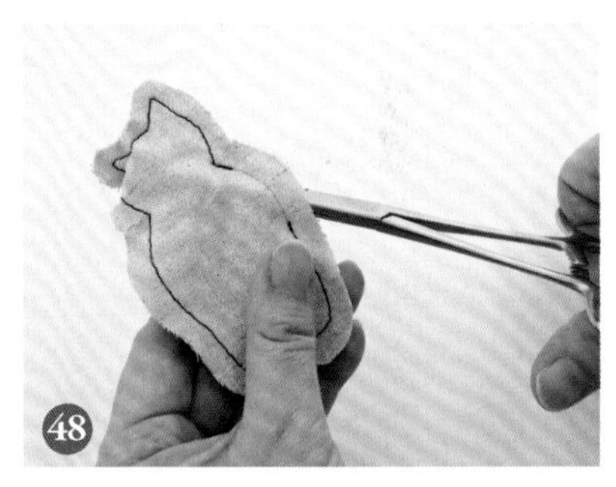
48

將返裡鉗伸進返口，夾住耳朵。以鑷子代替也 OK。

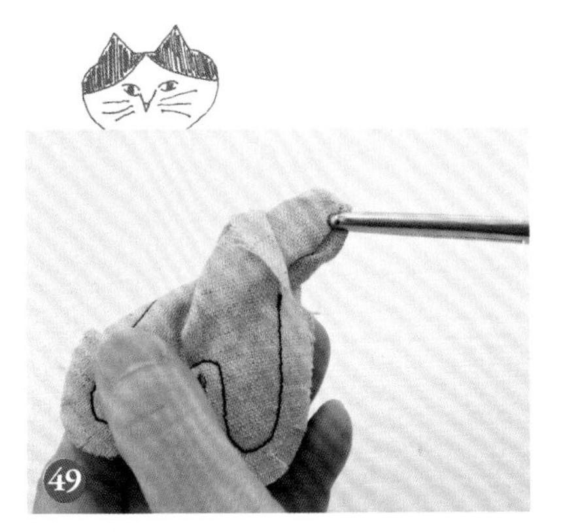
49

返裡鉗往外拉，將布從返口夾出、翻回至正面。

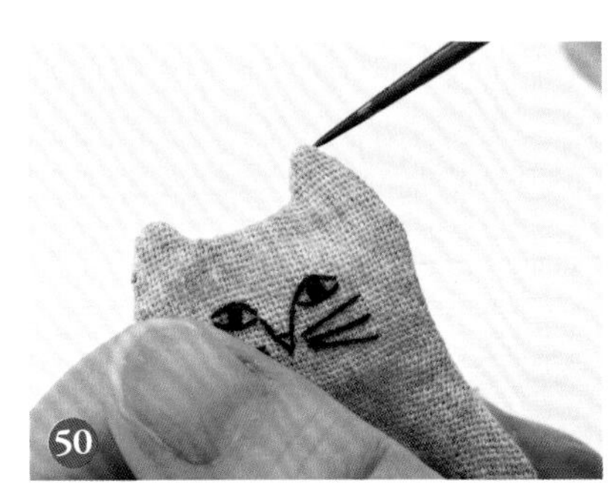
50

以錐子推出耳朵等邊角。

51

以熨斗壓燙，整理形狀。

以鑷子夾棉花，從腿等較細的部位開始填入棉花。

∴ 縫合返口

※ 為了清楚辨識，在此使用不同顏色的手縫線。

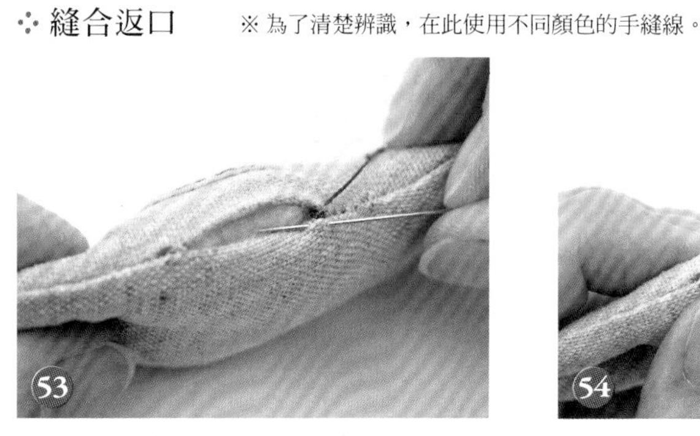

取 1 股手縫線先打個結，從上方的摺山出針，在下方的摺山入針，再在相距約 0.2 至 0.3cm 處出針。

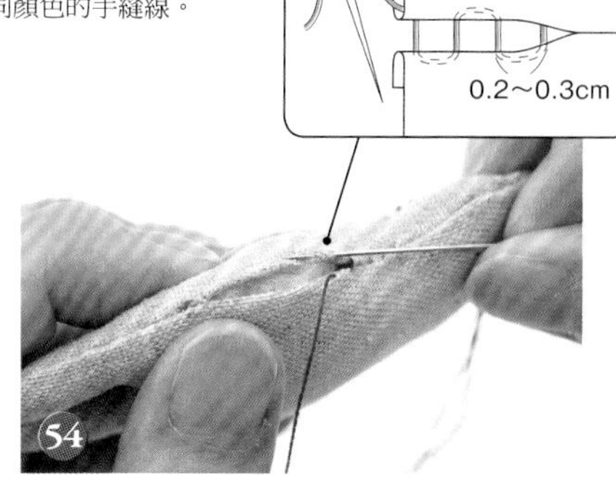
0.2～0.3cm

從上方的摺山入針，在相距 0.2 至 0.3cm 處出針（ㄈ字縫）。

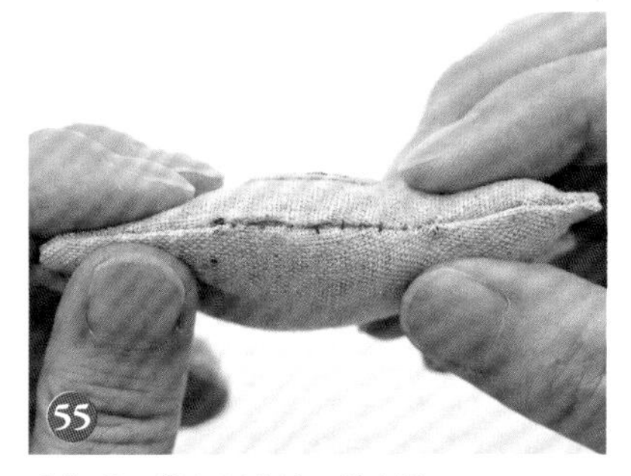

重複53、54相同作法，縫合返口。

∴ 縫上胸針

※ 為了清楚辨識，在此使用不同顏色的手縫線。

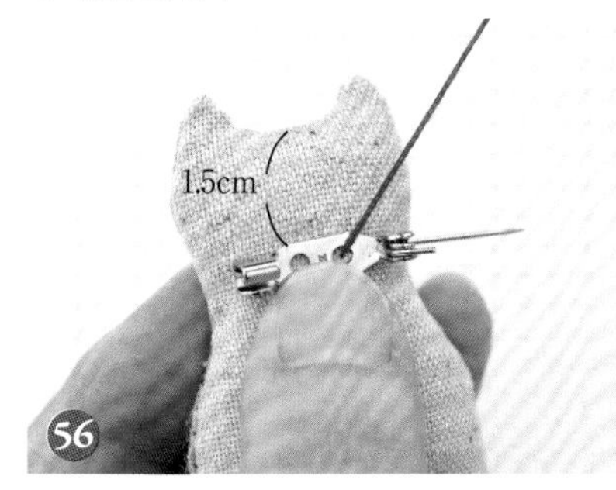
1.5cm

在距離身體後片上方 1.5cm 處放上胸針，取 2 股手縫線打結後從胸針的洞口出針。

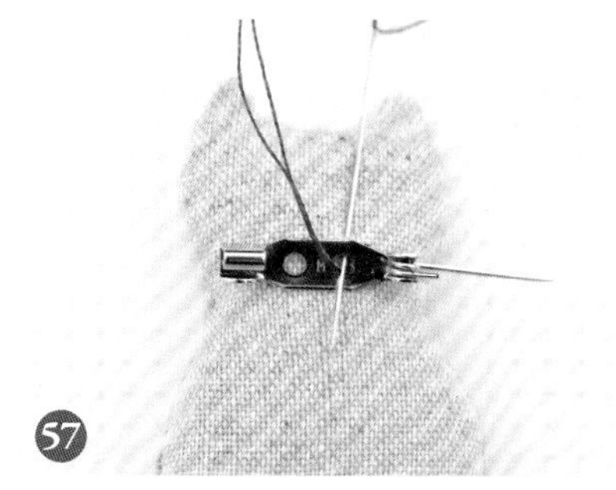

往胸針外側方向的身體後片上入針，再從洞口出針。重複穿縫三次牢牢固定。

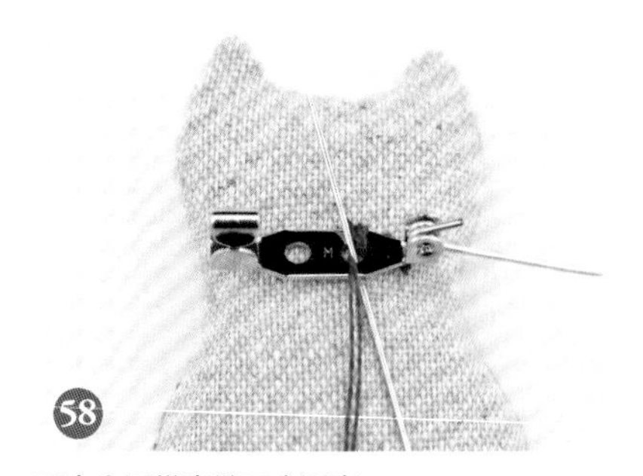

下方也同樣穿縫三次固定。

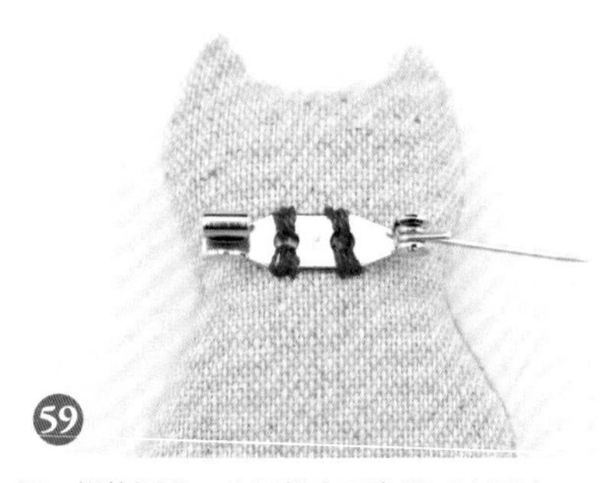

另一側的洞孔，也同樣上下各縫三次固定。

∴ 完成！

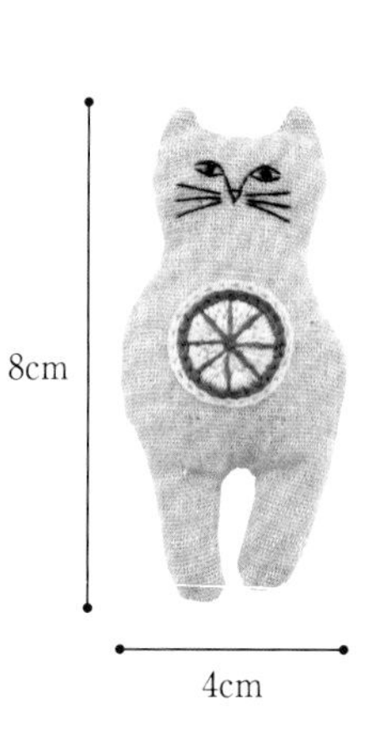
8cm
4cm

刺繡＆手縫針法

【刺繡針法】

平針繡

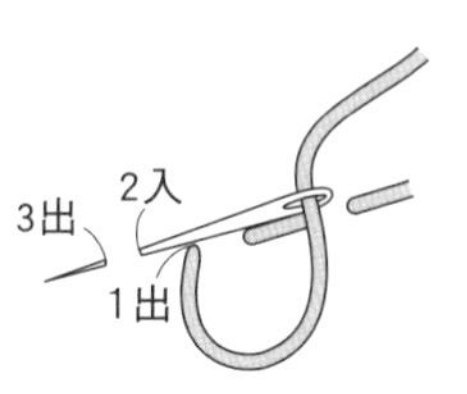

3出
2入
1出

織補繡

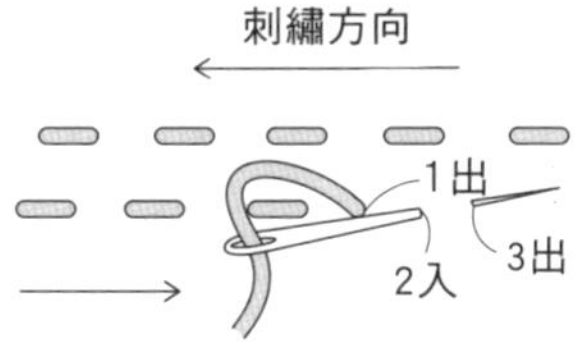

刺繡方向
1出
2入
3出

改變刺繡方向時，將布轉向，
再重複進行平針繡。

直線繡

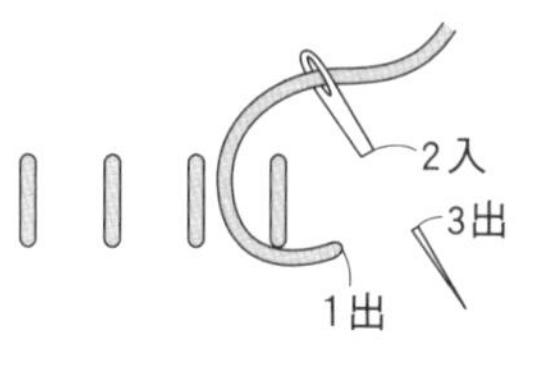

2入
3出
1出

回針繡

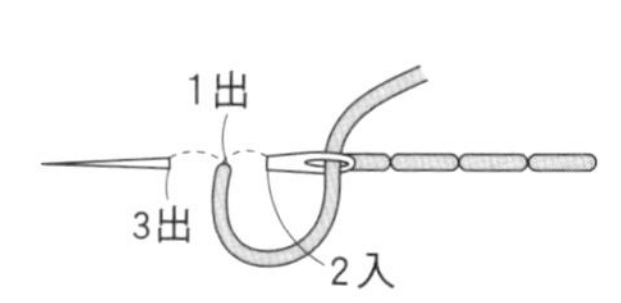

1出
3出
2入

種子繡

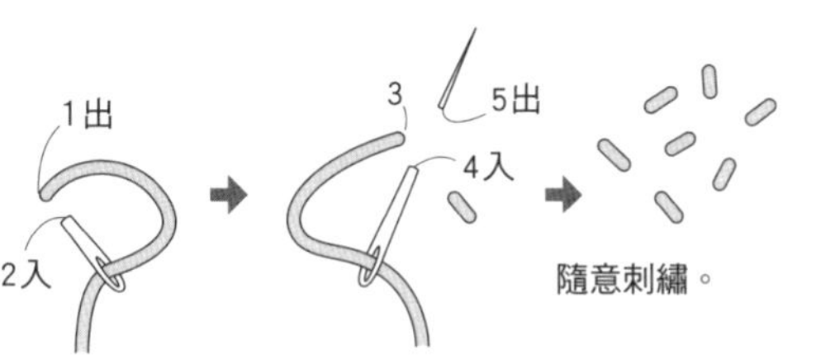

3出
1出
2入
3
5出
4入

隨意刺繡。

緞面繡

3出
1出
2入

輪廓繡

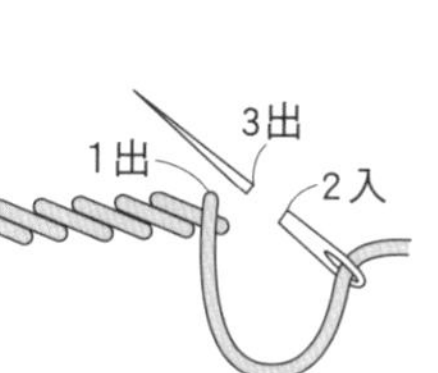

1出
3出
2入

飛羽繡

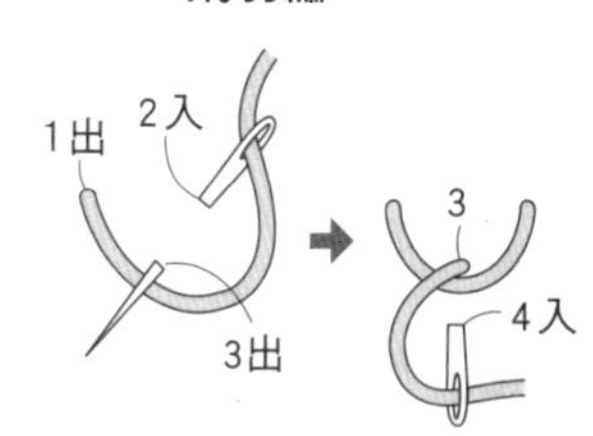

1出
2入
3出
3
4入

長短針繡

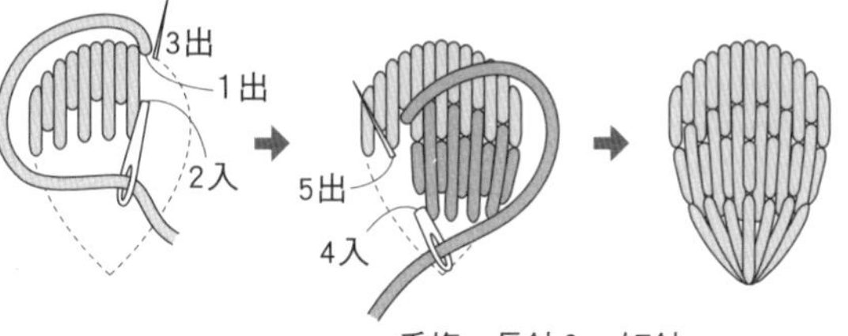

3出
1出
2入
5出
4入

重複一長針＆一短針。

鎖鏈繡

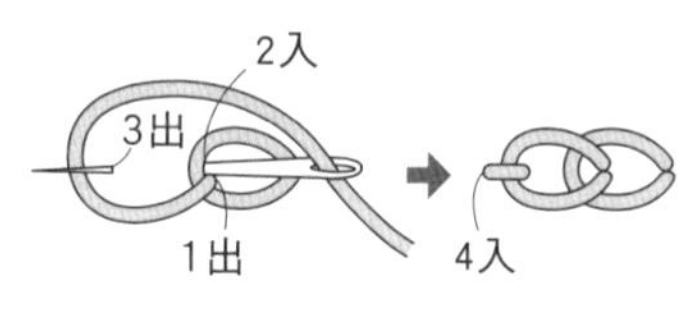

2入
3出
1出
4入

法式結粒繡

繞2圈
1出

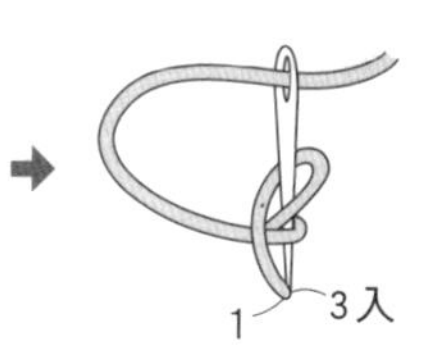

1
3入

【手縫針法】

星止縫

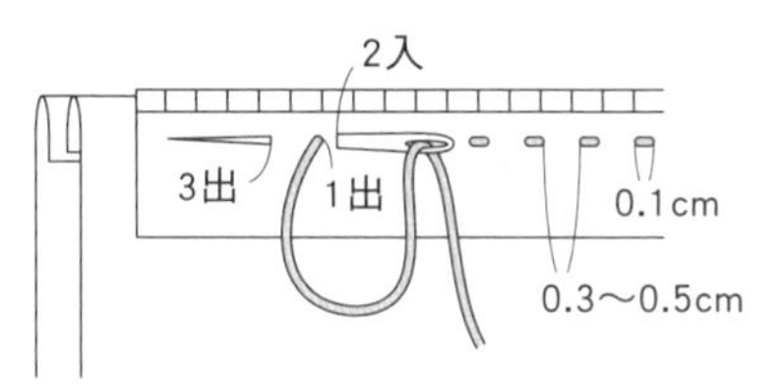

2入
3出
1出
0.1cm
0.3～0.5cm

細針縮縫

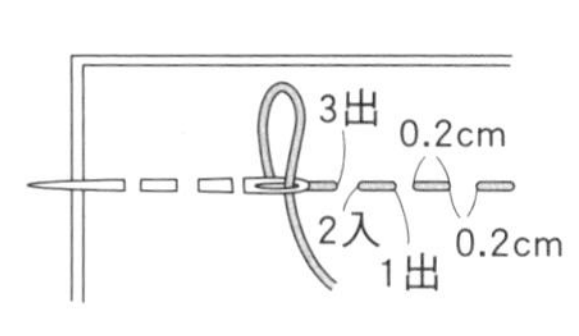

3出
0.2cm
2入
1出
0.2cm

捲針縫

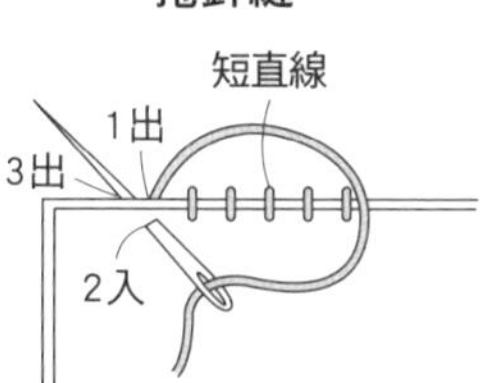

短直線
1出
3出
2入

縫合

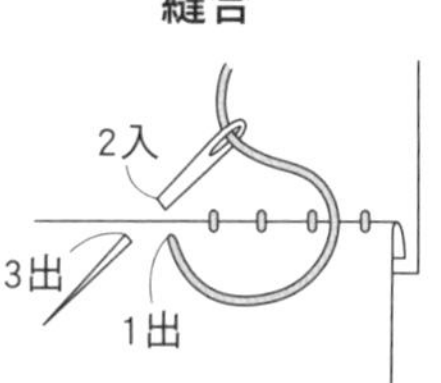

2入
3出
1出

P.4・5 1~3 檸檬&萊姆　P.6 4・5 下午茶時間

原寸紙型&刺繡圖案／2＝P.42・3至5＝P.43

2 材料

表布（亞麻布・綠色）…18cm寬18cm
裡布（棉麻帆布・米色）…8cm寬12cm
胸針（2cm）…1個
填充棉花…適量
DMC 25號繡線（17、BLANC）

3 材料

表布（亞麻布・米色）…18cm寬18cm
裡布（棉麻帆布・米色）…8cm寬12cm
胸針（2cm）…1個
填充棉花…適量
DMC 25號繡線（12、310、905、3818、BLANC）

4 材料

表布（亞麻布・黑色）…18cm寬18cm
裡布（棉麻帆布・米色）…8cm寬12cm
胸針（2cm）…1個
填充棉花…適量
DMC 25號繡線（BLANC）

5 材料

表布（亞麻布・黑色）…18cm寬18cm
裡布（棉麻帆布・米色）…8cm寬12cm
胸針（2cm）…1個
填充棉花…適量
DMC 25號繡線（BLANC）

※作法&作品1的材料參見P.34至P.40。
※皆外加1cm縫份後剪下。
※刺繡標示的讀法參見P.43。

1 原寸紙型・刺繡圖案

身體前片（表布・1片）
身體後片（裡布・與前片對稱 1片）

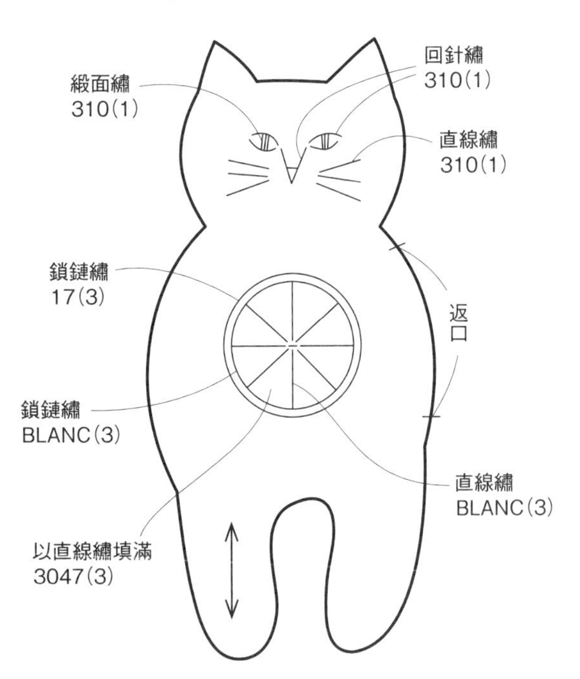
緞面繡
310(1)
回針繡
310(1)
直線繡
310(1)
鎖鏈繡
17(3)
返口
鎖鏈繡
BLANC(3)
直線繡
BLANC(3)
以直線繡填滿
3047(3)

2 原寸紙型・刺繡圖案

身體前片（表布・1片）
身體後片（裡布・與前片對稱 1片）

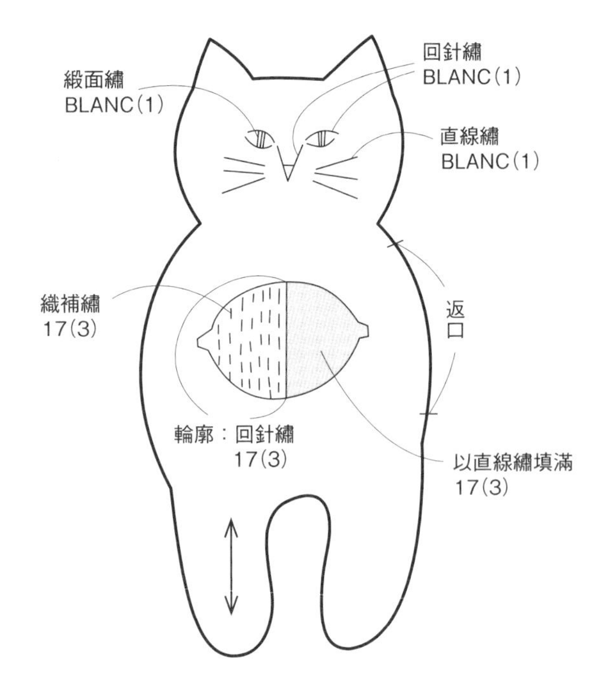
緞面繡
BLANC(1)
回針繡
BLANC(1)
直線繡
BLANC(1)
織補繡
17(3)
返口
輪廓：回針繡
17(3)
以直線繡填滿
17(3)

3 原寸紙型・刺繡圖案

身體前片（表布・1片）
身體後片（裡布・與前片對稱 1片）

4 原寸紙型・刺繡圖案

身體前片（表布・1片）
身體後片（裡布・與前片對稱 1片）

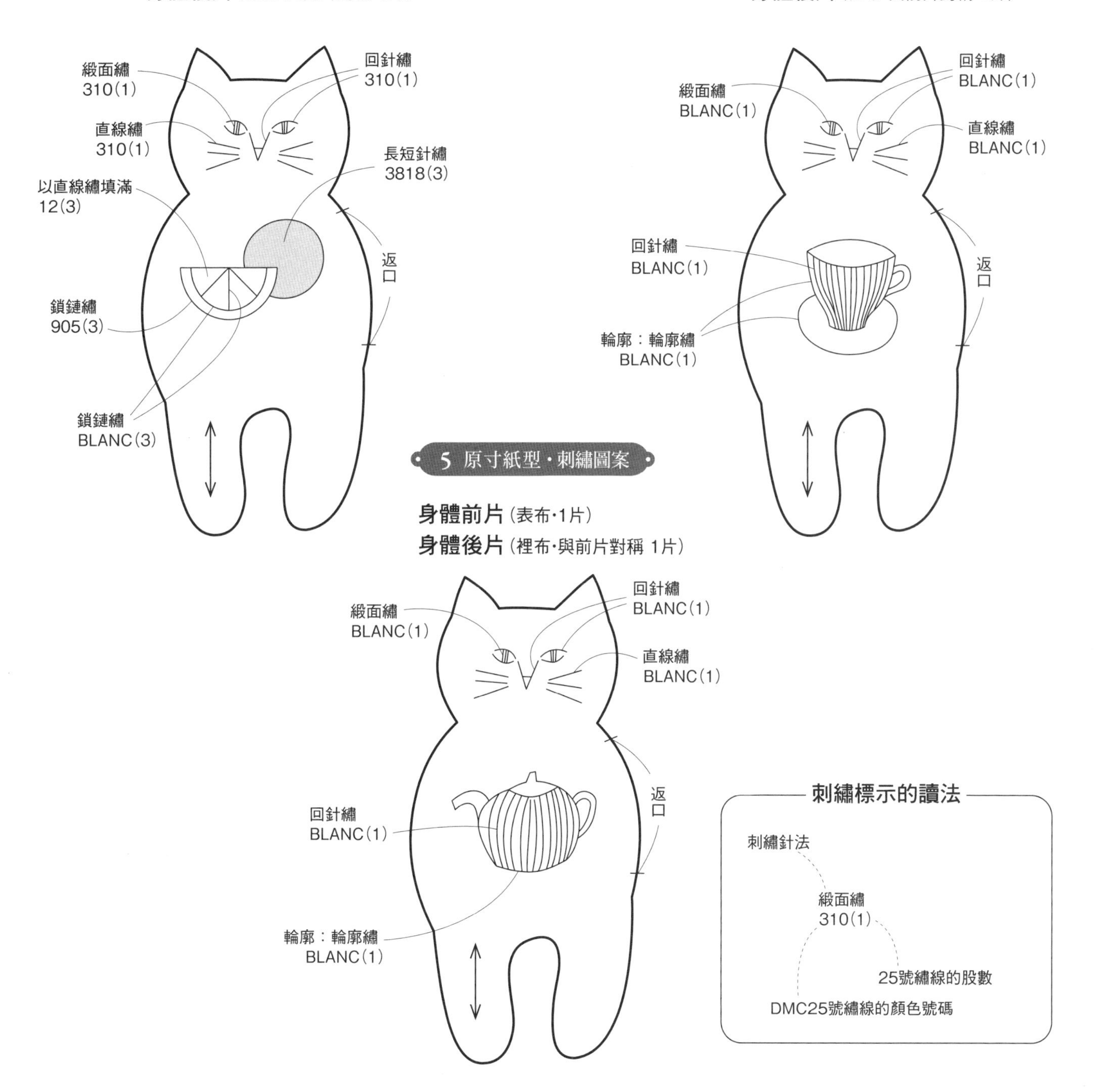

緞面繡
310(1)
回針繡
310(1)
直線繡
310(1)
長短針繡
3818(3)
以直線繡填滿
12(3)
返口
鎖鏈繡
905(3)
鎖鏈繡
BLANC(3)
緞面繡
BLANC(1)
回針繡
BLANC(1)
直線繡
BLANC(1)
回針繡
BLANC(1)
返口
輪廓：輪廓繡
BLANC(1)
5 原寸紙型・刺繡圖案
身體前片（表布・1片）
身體後片（裡布・與前片對稱 1片）
緞面繡
BLANC(1)
回針繡
BLANC(1)
直線繡
BLANC(1)
返口
回針繡
BLANC(1)
輪廓：輪廓繡
BLANC(1)
刺繡標示的讀法
刺繡針法
緞面繡
310(1)
25號繡線的股數
DMC25號繡線的顏色號碼

P.7 6・7 法國麵包 P.8・9 8～10 森林中

原寸紙型＆刺繡圖案／6至7＝P.44・8至10＝P.45

6 材料

表布（亞麻布・米色）…18cm寬18cm
裡布（棉麻帆布・米色）…8cm寬12cm
胸針（2cm）…1個
填充棉花…適量
DMC 25號繡線（08、310、435、739、840）

7 材料

表布（亞麻布・米色）…18cm寬18cm
裡布（棉麻帆布・米色）…8cm寬12cm
胸針（2cm）…1個
填充棉花…適量
DMC 25號繡線（310、435、738）

8 材料

表布（亞麻布・米色）…18cm寬18cm
裡布（棉麻帆布・米色）…8cm寬12cm
胸針（2cm）…1個
填充棉花…適量
DMC 25號繡線（310、500、831、3808）

9 材料

表布（亞麻布・米色）…18cm寬18cm
裡布（棉麻帆布・米色）…8cm寬12cm
胸針（2cm）…1個
填充棉花…適量
DMC 25號繡線（310、356、823、3847、3859）

10 材料

表布（亞麻布・米色）…18cm寬18cm
裡布（棉麻帆布・米色）…8cm寬12cm
胸針（2cm）…1個
填充棉花…適量
DMC 25號繡線（160、310、797、3362、BLANC）

※作法參見P.34至P.40。
※皆外加1cm縫份後剪下。
※刺繡標示的讀法參見P.43。

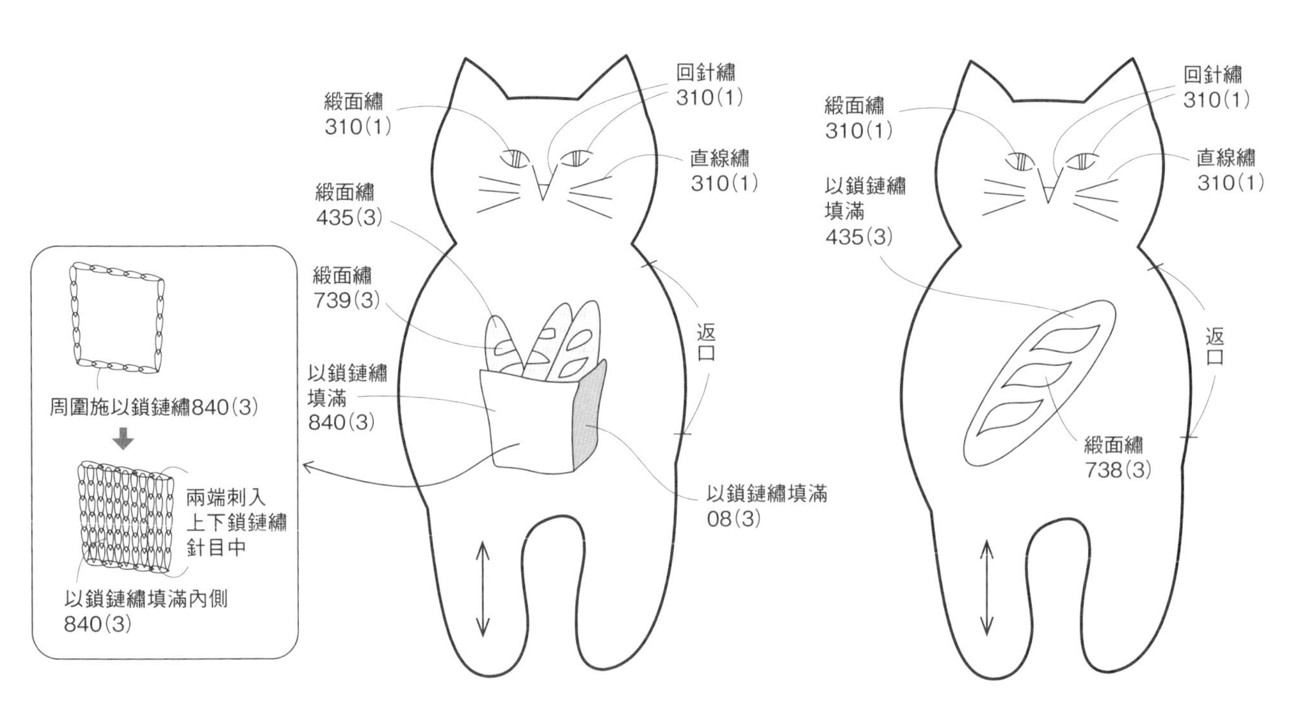
6 原寸紙型・刺繡圖案
身體前片（表布・1片）
身體後片（裡布・與前片對稱 1片）
緞面繡 310(1)
回針繡 310(1)
直線繡 310(1)
緞面繡 435(3)
緞面繡 739(3)
返口
以鎖鏈繡填滿 840(3)
以鎖鏈繡填滿 08(3)
周圍施以鎖鏈繡840(3)
兩端刺入上下鎖鏈繡針目中
以鎖鏈繡填滿內側 840(3)
7 原寸紙型・刺繡圖案
身體前片（表布・1片）
身體後片（裡布・與前片對稱 1片）
緞面繡 310(1)
回針繡 310(1)
直線繡 310(1)
以鎖鏈繡填滿 435(3)
返口
緞面繡 738(3)

8 原寸紙型・刺繡圖案

身體前片（表布·1片）
身體後片（裡布·與前片對稱 1片）

緞面繡
310(1)
回針繡
310(1)
直線繡
310(1)
長短針繡
3808(3)
返口
以鎖鏈繡填滿
500(3)
以鎖鏈繡填滿
831(3)

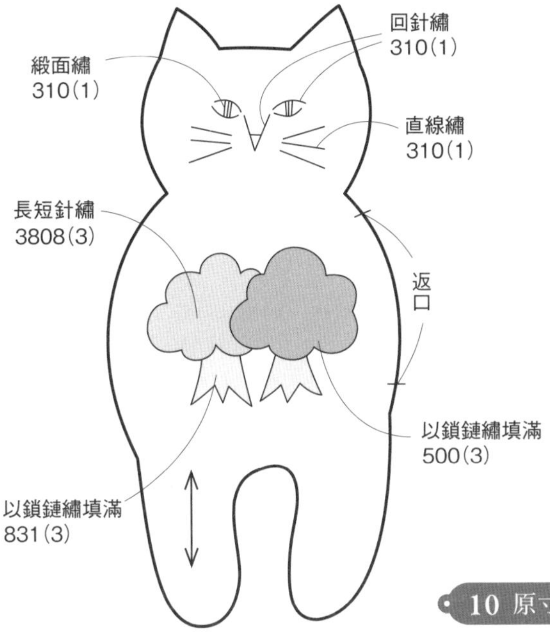

9 原寸紙型・刺繡圖案

身體前片（表布·1片）
身體後片（裡布·與前片對稱 1片）

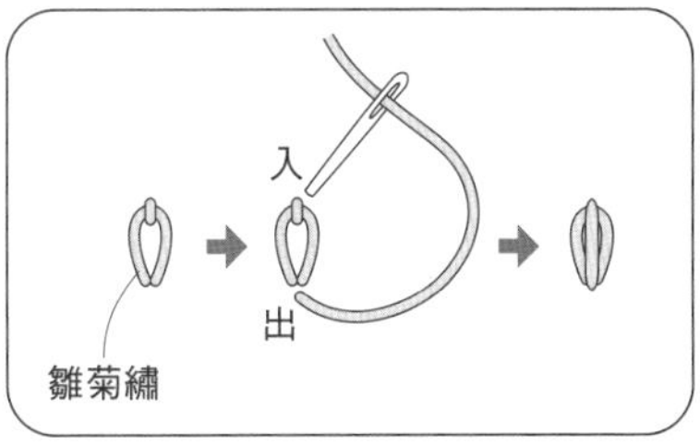

緞面繡
310(1)
回針繡
310(1)
法式結粒繡
823(1)
直線繡
310(1)
緞面繡
356(3)
緞面繡
3859(3)
返口
緞面繡
3847(3)
輪廓繡
3847(3)
雛菊繡+直線繡
3847(3)
入
出
雛菊繡

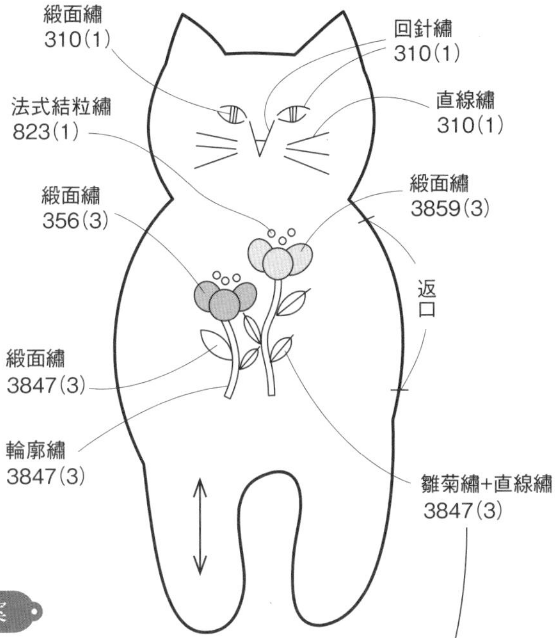

10 原寸紙型・刺繡圖案

身體前片（表布·1片）
身體後片（裡布·與前片對稱 1片）

緞面繡
310(1)
回針繡
310(1)
緞面繡
BLANC(3)
直線繡
310(1)
緞面繡
797(3)
緞面繡
160(3)
返口
緞面繡
3362(3)
回針繡
3362(1)

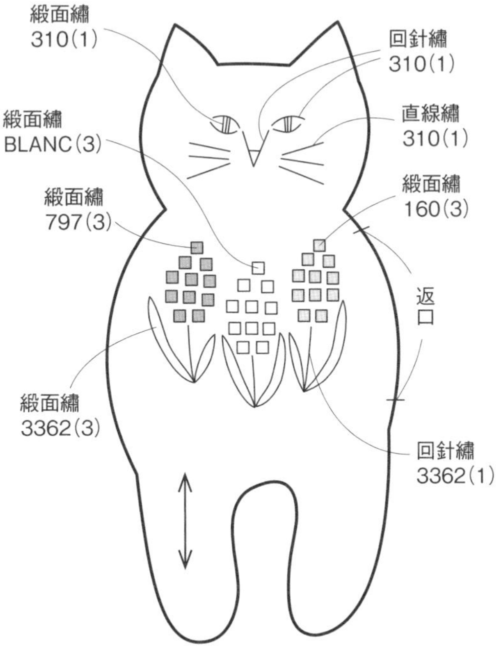

P.10 11・12 雨&雲　P.11 13 大口吸乾乾！
P.12 14・15 柏餅&櫻餅

原寸紙型&刺繡圖案／11至12＝P.46・13至15＝P.47

11 材料
表布（亞麻布・米色）…18cm寬18cm
裡布（棉麻帆布・米色）…8cm寬12cm
胸針（2cm）…1個
填充棉花…適量
DMC 25號繡線（310、924、3799）

12 材料
表布（亞麻布・米色）…18cm寬18cm
裡布（棉麻帆布・米色）…8cm寬12cm
胸針（2cm）…1個
填充棉花…適量
DMC 25號繡線（310）

13 材料
表布（亞麻布・米色）…18cm寬18cm
裡布（棉麻帆布・米色）…8cm寬12cm
胸針（2cm）…1個
填充棉花…適量
DMC 25號繡線（169、310、435、840）

14材料
表布（亞麻布・米色）…18cm寬18cm
裡布（棉麻帆布・米色）…8cm寬12cm
胸針（2cm）…1個
填充棉花…適量
DMC 25號繡線（310、422、632、3362）

15 材料
表布（亞麻布・粉紅色）…18cm寬18cm
裡布（棉麻帆布・米色）…8cm寬12cm
胸針（2cm）…1個
填充棉花…適量
DMC 25號繡線（310、422、3051、3858）

※作法參見P.34至P.40。
※皆外加1cm縫份後剪下。
※刺繡標示的讀法參見P.43。

11 原寸紙型・刺繡圖案

身體前片（表布・1片）
身體後片（裡布・與前片對稱 1片）

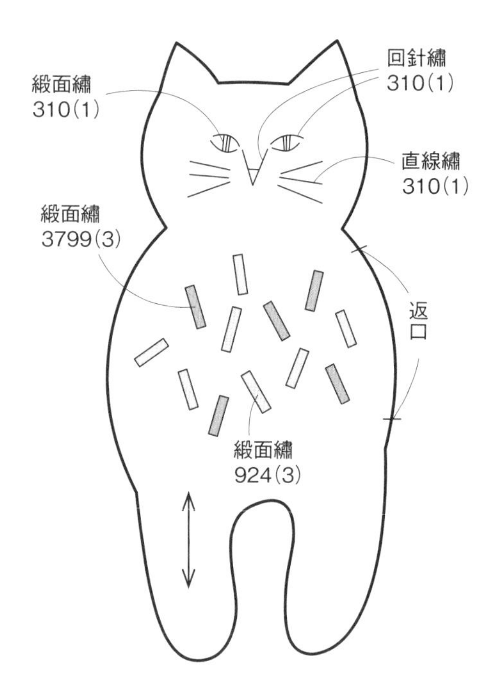
緞面繡
310(1)
回針繡
310(1)
直線繡
310(1)
緞面繡
3799(3)
返口
緞面繡
924(3)

12 原寸紙型・刺繡圖案

身體前片（表布・1片）
身體後片（裡布・與前片對稱 1片）

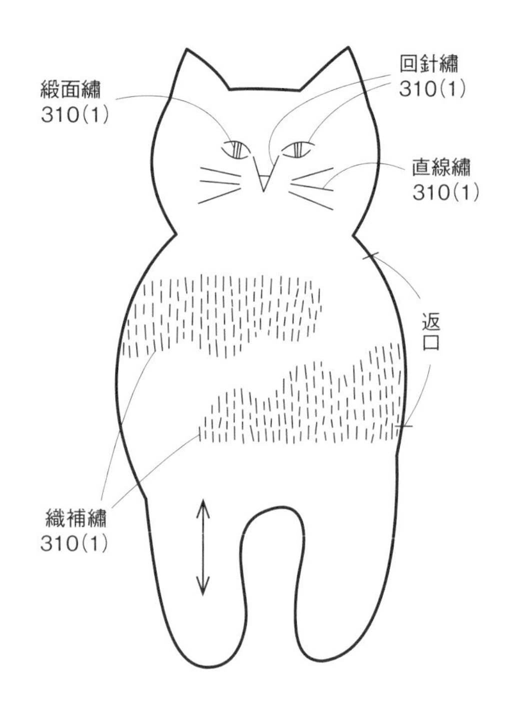
緞面繡
310(1)
回針繡
310(1)
直線繡
310(1)
返口
織補繡
310(1)

13 原寸紙型・刺繡圖案

身體前片（表布・1片）
身體後片（裡布・與前片對稱 1片）

14 原寸紙型・刺繡圖案

身體前片（表布・1片）
身體後片（裡布・與前片對稱 1片）

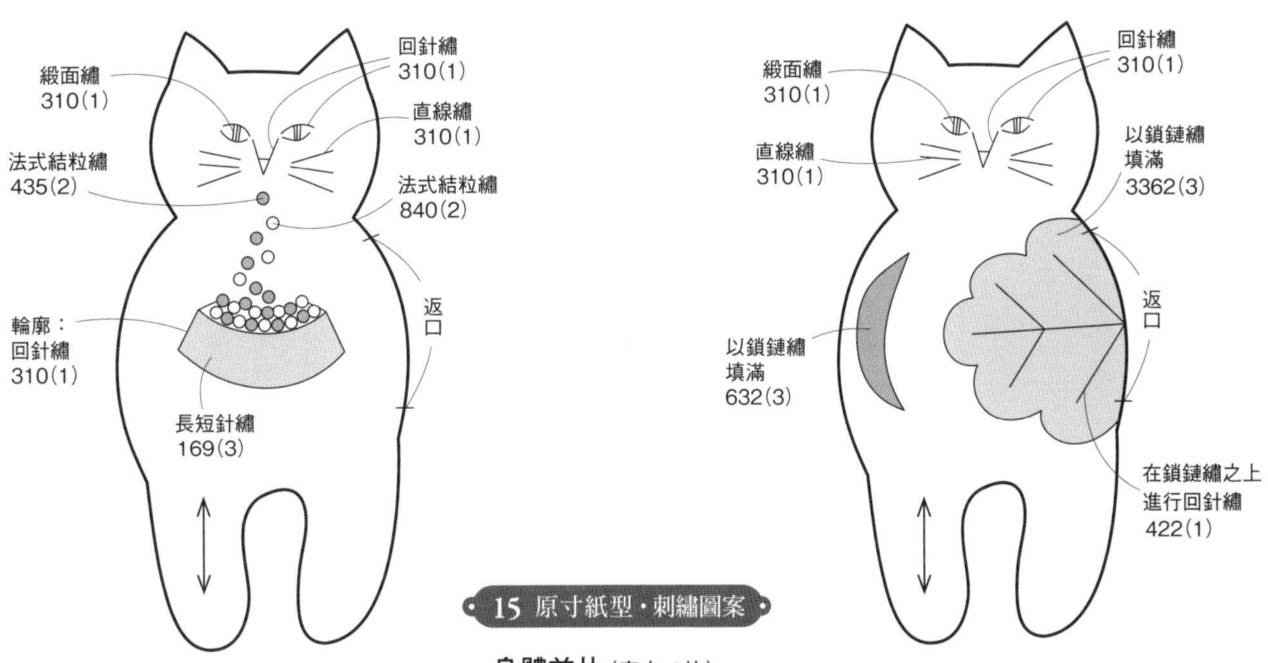
緞面繡
310(1)
回針繡
310(1)
直線繡
310(1)
法式結粒繡
435(2)
法式結粒繡
840(2)
返口
輪廓：
回針繡
310(1)
長短針繡
169(3)
緞面繡
310(1)
回針繡
310(1)
直線繡
310(1)
以鎖鏈繡
填滿
3362(3)
返口
以鎖鏈繡
填滿
632(3)
在鎖鏈繡之上
進行回針繡
422(1)

15 原寸紙型・刺繡圖案

身體前片（表布・1片）
身體後片（裡布・與前片對稱 1片）

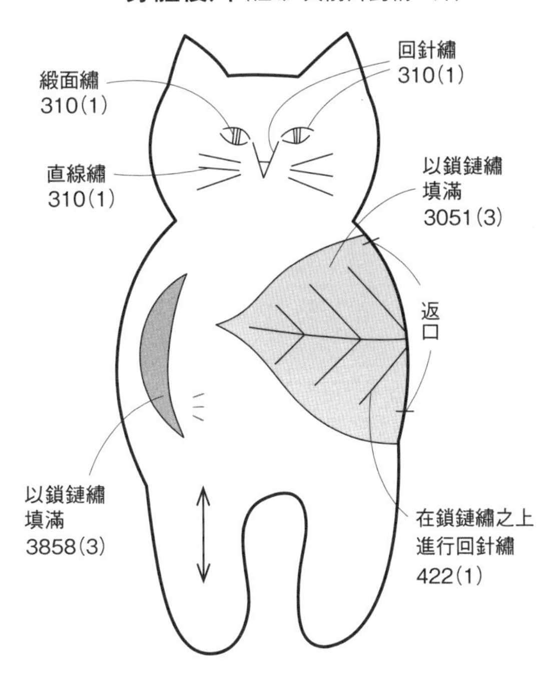
緞面繡
310(1)
回針繡
310(1)
直線繡
310(1)
以鎖鏈繡
填滿
3051(3)
返口
以鎖鏈繡
填滿
3858(3)
在鎖鏈繡之上
進行回針繡
422(1)

P.14 # 16・17 koneko小貓臉

原寸紙型＆刺繡圖案／P.50

16 材料

表布（亞麻布・米色）…14cm寬14cm
裡布（棉麻帆布・米色）…6cm寬6cm
胸針（2cm）…1個
填充棉花…適量
DMC 25號繡線（310）

17 材料

表布（亞麻布・米色）…14cm寬14cm
裡布（棉麻帆布・米色）…6cm寬6cm
胸針（2cm）…1個
填充棉花…適量
DMC 25號繡線（310、823）

16・17 作法

1 在表布上刺繡，剪下頭部前片

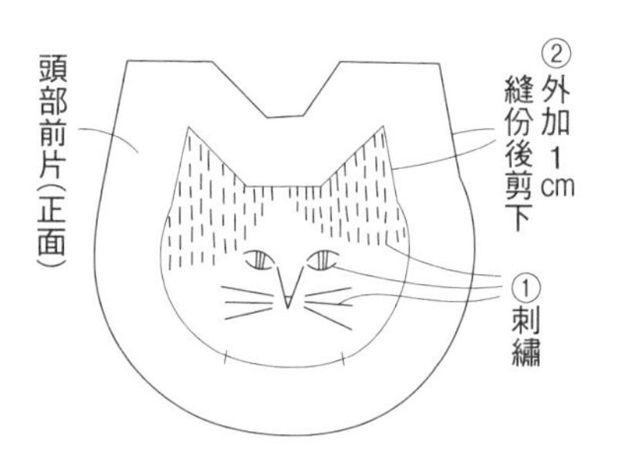
頭部前片(正面)
②外加1cm縫份後剪下
①刺繡

2 縫合頭部前・後片

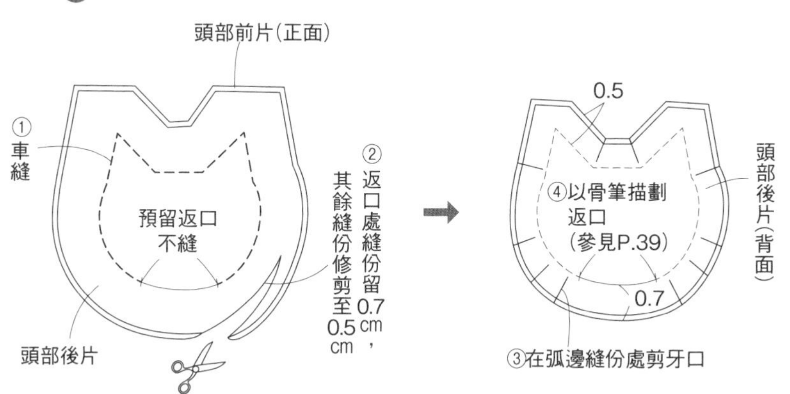
頭部前片(正面)
①車縫
預留返口不縫
②返口處縫份留0.7cm，其餘縫份修剪至0.5cm
頭部後片
0.5
④以骨筆描劃返口（參見P.39）
頭部後片(背面)
0.7
③在弧邊縫份處剪牙口

3 翻回正面，縫合返口

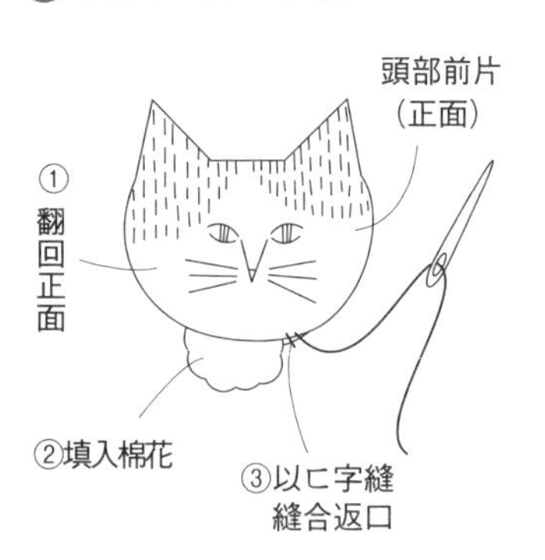
頭部前片（正面）
①翻回正面
②填入棉花
③以ㄈ字縫縫合返口

4 縫上胸針

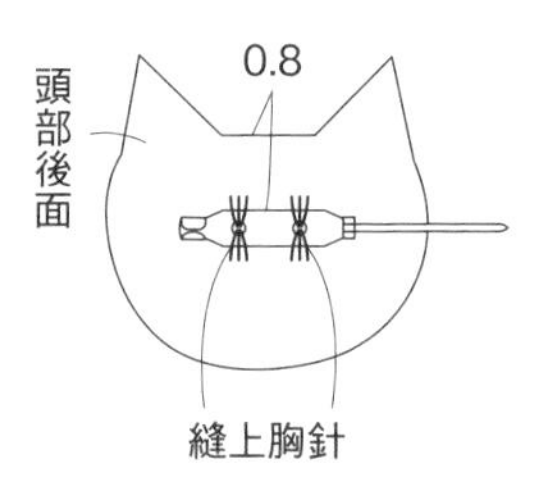
頭部後面
0.8
縫上胸針

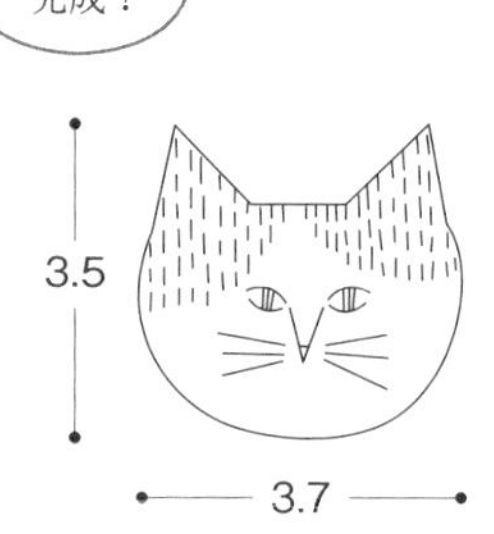
17
完成！
3.5
3.7

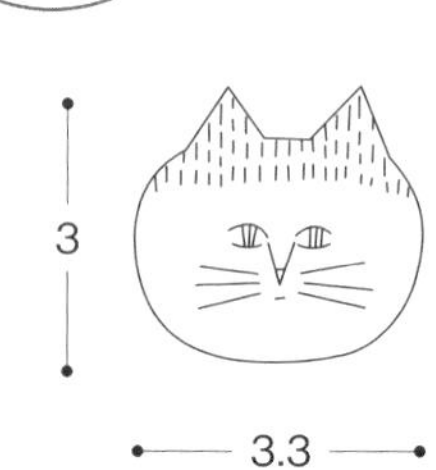
16
完成！
3
3.3

P.14 **18** koneko小貓背影 原寸紙型＆刺繡圖案／P.50

材料

表布（亞麻布・米色）…18cm寬18cm
裡布（棉麻帆布・米色）…6cm寬12cm
胸針（3cm）…1個
填充棉花…適量
DMC 25號繡線（310）

作法

1 在表布上刺繡，剪下身體前片

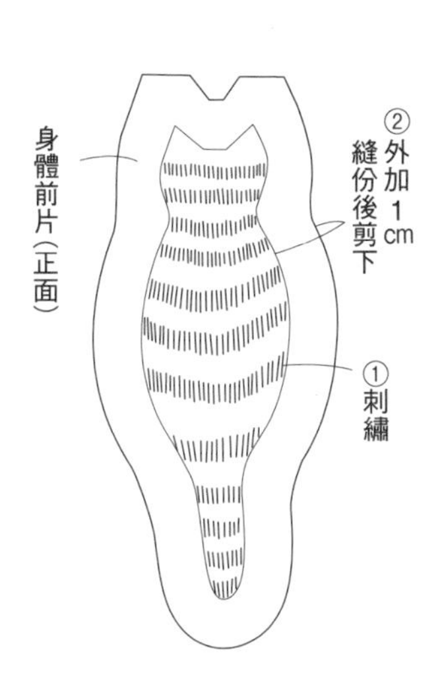

身體前片(正面)
②外加1cm縫份後剪下
①刺繡

2 縫合身體前・後片

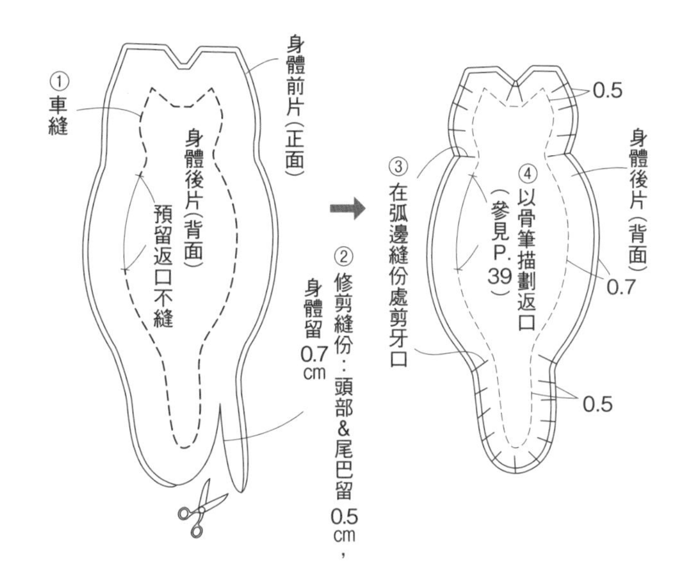

①車縫
身體前片(正面)
身體後片(背面)
預留返口不縫
②修剪縫份：頭部&尾巴留0.5cm，身體留0.7cm
③在弧邊縫份處剪牙口
④以骨筆描劃返口（參見P.39）
身體後片(背面)
0.5
0.7
0.5

3 翻回正面，縫合返口

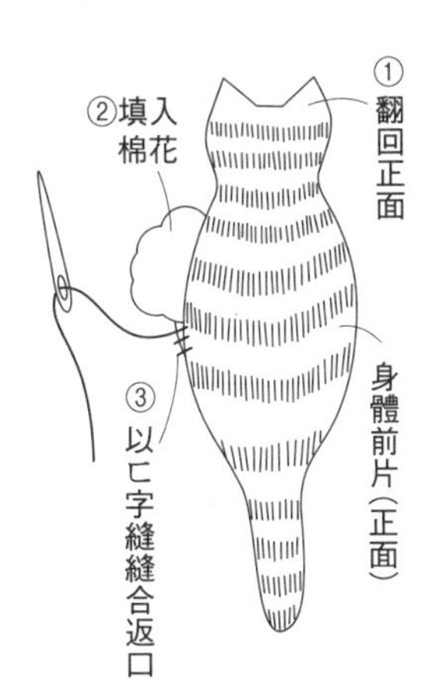

②填入棉花
①翻回正面
③以ㄈ字縫縫合返口
身體前片(正面)

4 縫上胸針

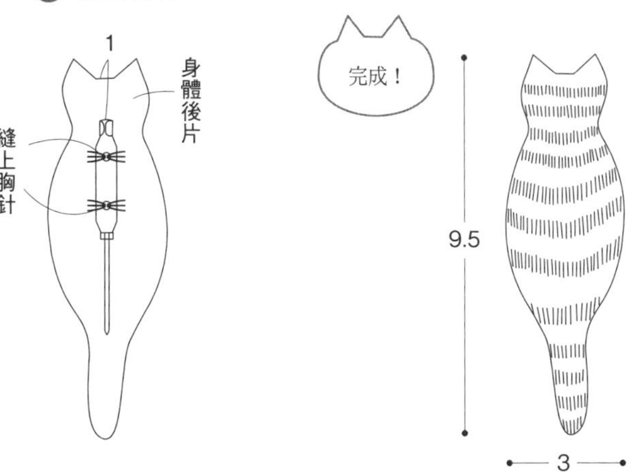

1
身體後片
縫上胸針
完成！
9.5
3

16 原寸紙型・刺繡圖案

※皆外加1cm縫份後剪下。
※刺繡標示的讀法參見P.43。

頭部前片（表布・1片）
頭部後片（裡布・與前片對稱1片）

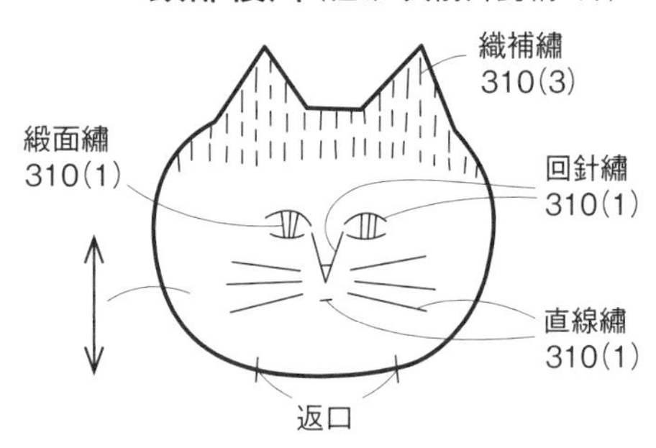

織補繡
310(3)
緞面繡
310(1)
回針繡
310(1)
直線繡
310(1)
返口

17 原寸紙型・刺繡圖案

※皆外加1cm縫份後剪下。
※刺繡標示的讀法參見P.43。

頭部前片（表布・1片）
頭部後片（裡布・與前片對稱1片）

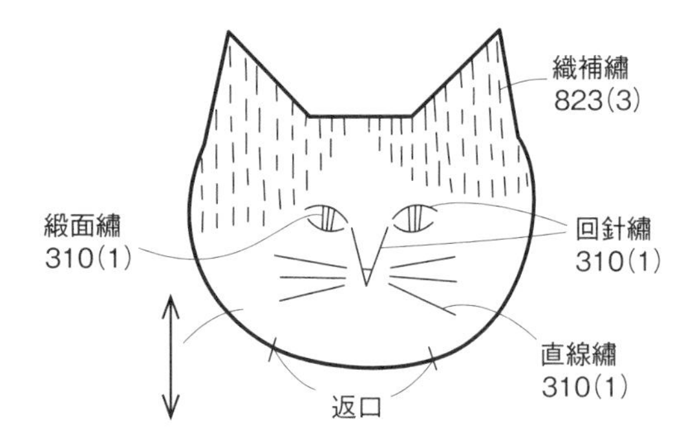

織補繡
823(3)
緞面繡
310(1)
回針繡
310(1)
直線繡
310(1)
返口

18 原寸紙型・刺繡圖案

※皆外加1cm縫份後剪下。
※刺繡標示的讀法參見P.43。

身體前片（表布・1片）
身體後片（裡布・與前片對稱1片）

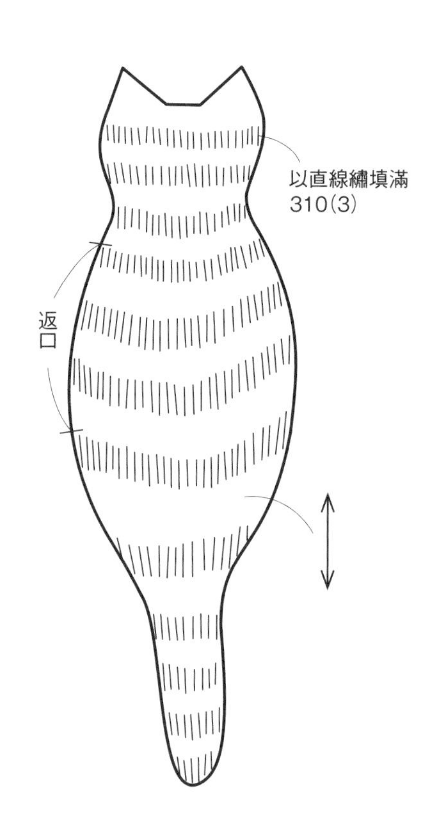

以直線繡填滿
310(3)
返口

21 原寸紙型・刺繡圖案

※皆外加1cm縫份後剪下。
※刺繡標示的讀法參見P.43。

身體前片（表布・1片）
身體後片（裡布・與前片對稱1片）

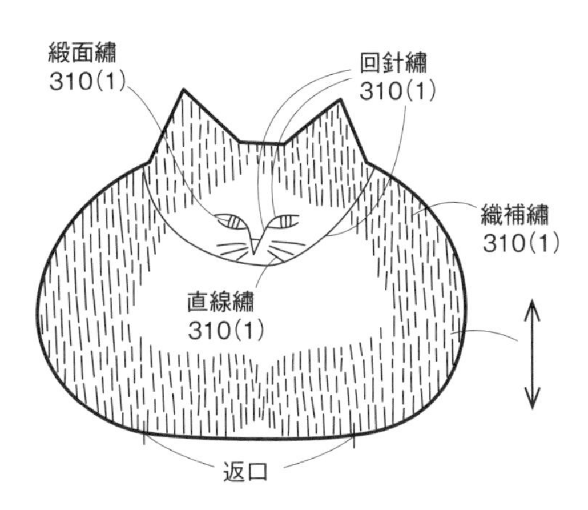
緞面繡
310(1)
回針繡
310(1)
織補繡
310(1)
直線繡
310(1)
返口

22 原寸紙型・刺繡圖案

※皆外加1cm縫份後剪下。
※刺繡標示的讀法參見P.43。

身體前片（表布・1片）
身體後片（裡布・與前片對稱1片）

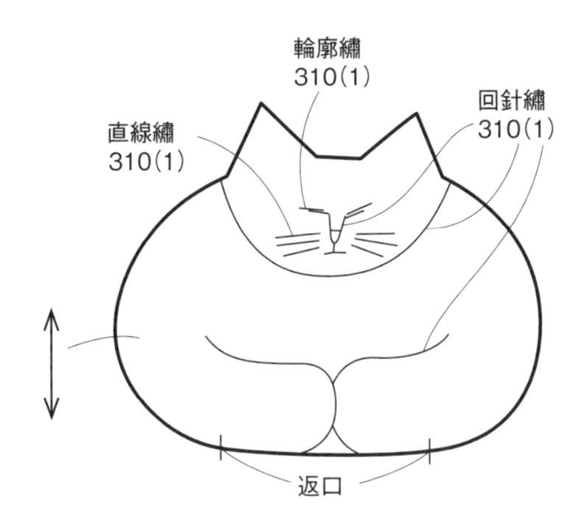
輪廓繡
310(1)
直線繡
310(1)
回針繡
310(1)
返口

25 原寸刺繡圖案

※刺繡標示的讀法參見P.43。

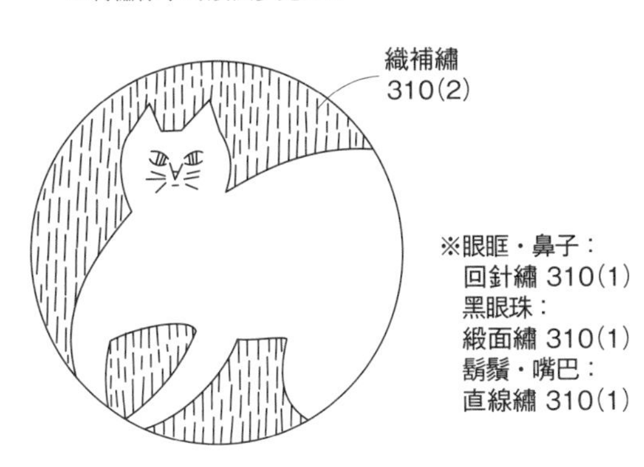
織補繡
310(2)
※眼眶・鼻子：
回針繡 310(1)
黑眼珠：
緞面繡 310(1)
鬍鬚・嘴巴：
直線繡 310(1)

26 原寸刺繡圖案

※刺繡標示的讀法參見P.43。

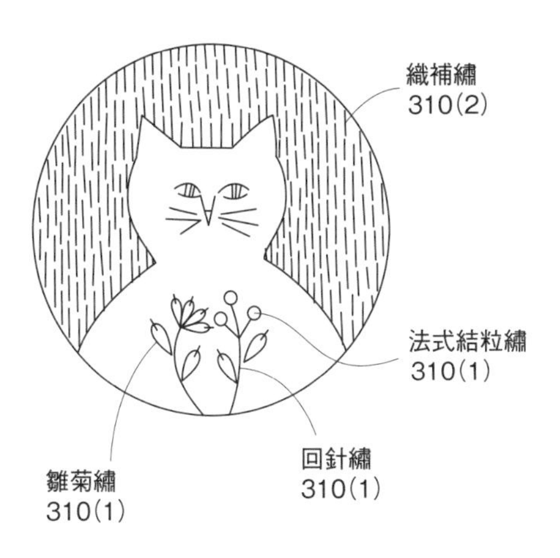
織補繡
310(2)
法式結粒繡
310(1)
回針繡
310(1)
雛菊繡
310(1)

P.15 19・20 肚臍朝天

原寸紙型＆刺繡圖案／P.53

19材料

表布（亞麻布・米色）…16cm寬16cm
裏布（棉麻帆布・米色）…9cm寬9cm
胸針（3cm）…1個
填充棉花…適量
DMC 25號繡線（310、ECRU）

20材料

表布（亞麻布・米色）…16cm寬16cm
裏布（棉麻帆布・米色）…9cm寬9cm
胸針（3cm）…1個
填充棉花…適量
DMC 25號繡線（310）

19・20 作法

1 在表布上刺繡，剪下身體前片

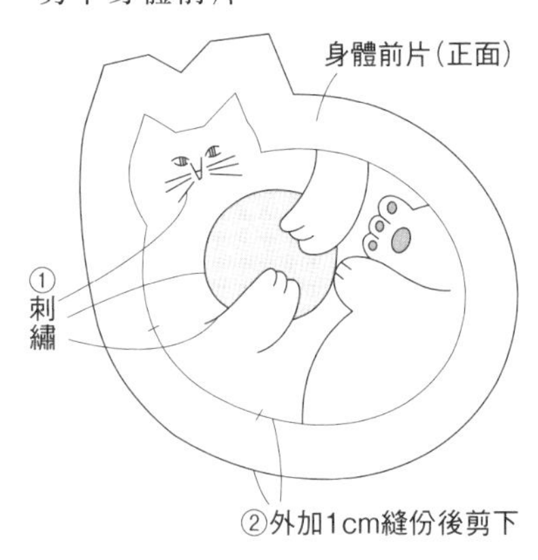
身體前片(正面)
①刺繡
②外加1cm縫份後剪下

2 縫合身體前・後片

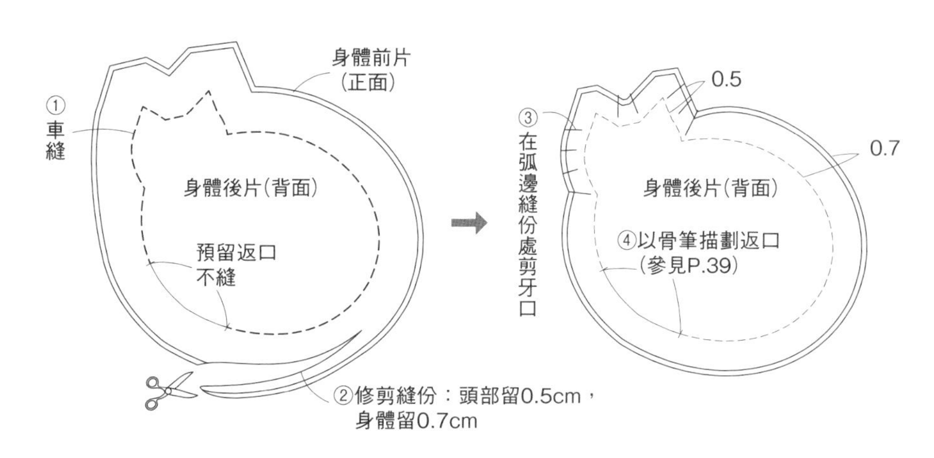
身體前片(正面)
①車縫
身體後片(背面)
預留返口不縫
②修剪縫份：頭部留0.5cm，身體留0.7cm
③在弧邊縫份處剪牙口
0.5
0.7
身體後片(背面)
④以骨筆描劃返口(參見P.39)

3 翻回正面，縫合返口

4 縫上胸針

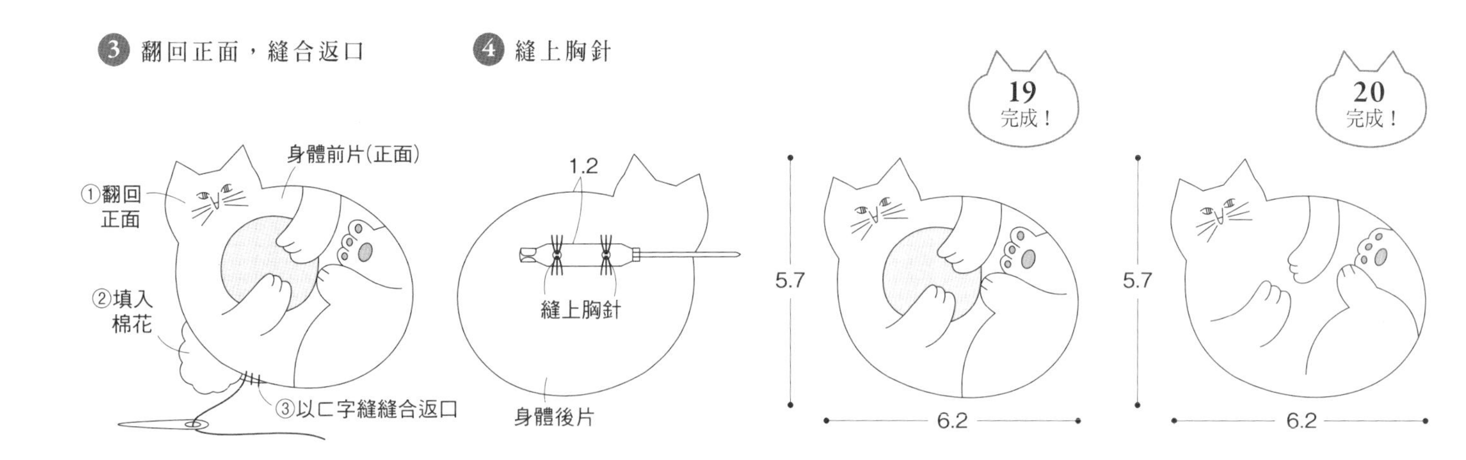
身體前片(正面)
①翻回正面
②填入棉花
③以ㄈ字縫縫合返口
1.2
縫上胸針
身體後片
19 完成！
20 完成！
5.7
6.2
5.7
6.2

19 原寸紙型・刺繡圖案

※皆外加1cm縫份後剪下。
※刺繡標示的讀法參見P.34。

身體前片（表布·1片）
身體後片（裡布·與前片對稱 1片）

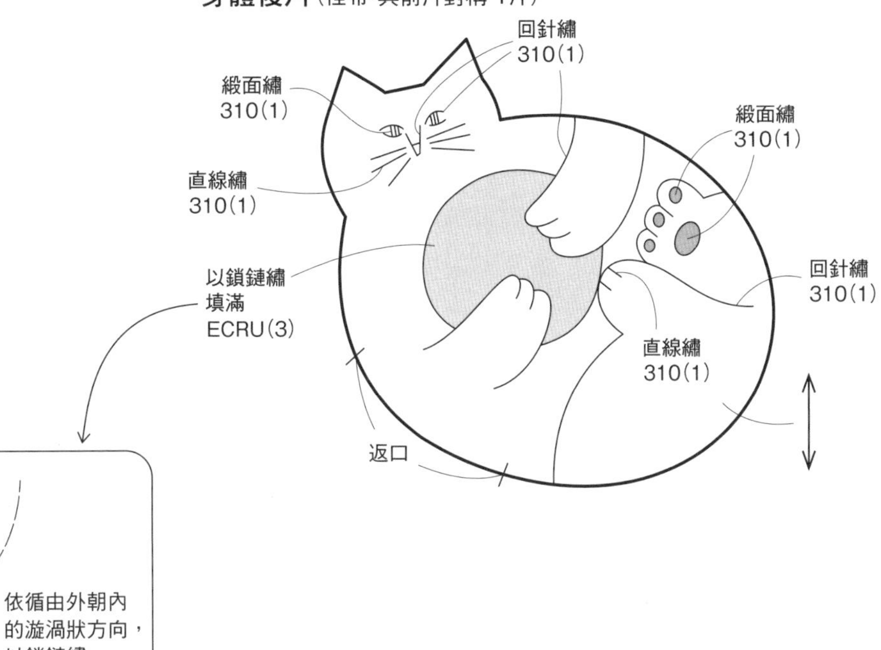
回針繡
310(1)
緞面繡
310(1)
緞面繡
310(1)
直線繡
310(1)
以鎖鏈繡
填滿
ECRU(3)
回針繡
310(1)
直線繡
310(1)
返口
依循由外朝內
的漩渦狀方向，
以鎖鏈繡
填滿圖案

20 原寸紙型・刺繡圖案

※皆外加1cm縫份後剪下。
※刺繡標示的讀法參見P.34。

身體前片（表布·1片）
身體後片（裡布·與前片對稱 1片）

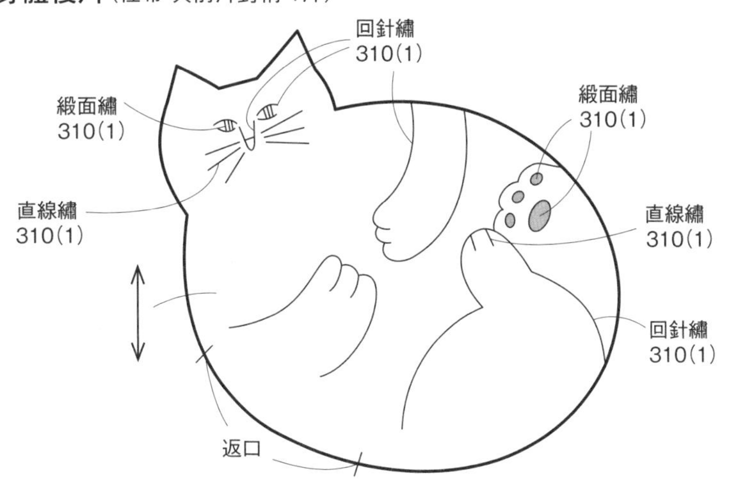
回針繡
310(1)
緞面繡
310(1)
緞面繡
310(1)
直線繡
310(1)
直線繡
310(1)
回針繡
310(1)
返口

P.16 **21・22** 母雞蹲

原寸紙型＆刺繡圖案／P.51

20・21 材料（1個）

表布（亞麻布・米色）…14cm寬14cm
裡布（棉麻帆布・米色）…8cm寬7cm
胸針（2.5cm）…1個
填充棉花…適量
DMC 25號繡線（310）

21・22 作法

1 在表布上刺繡，剪下身體前片

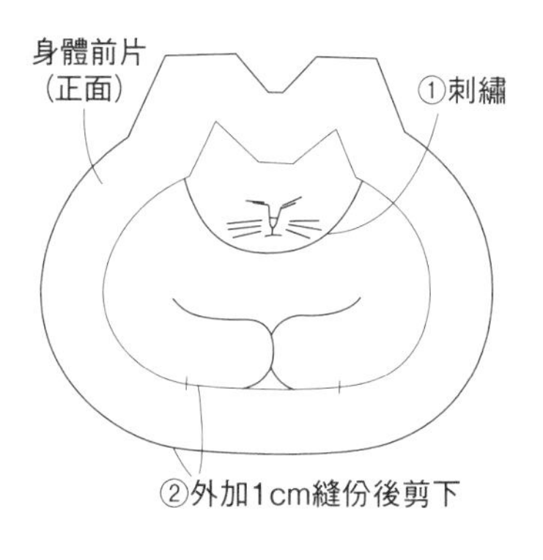
身體前片
(正面)
①刺繡
②外加1cm縫份後剪下

2 縫合身體前・後片

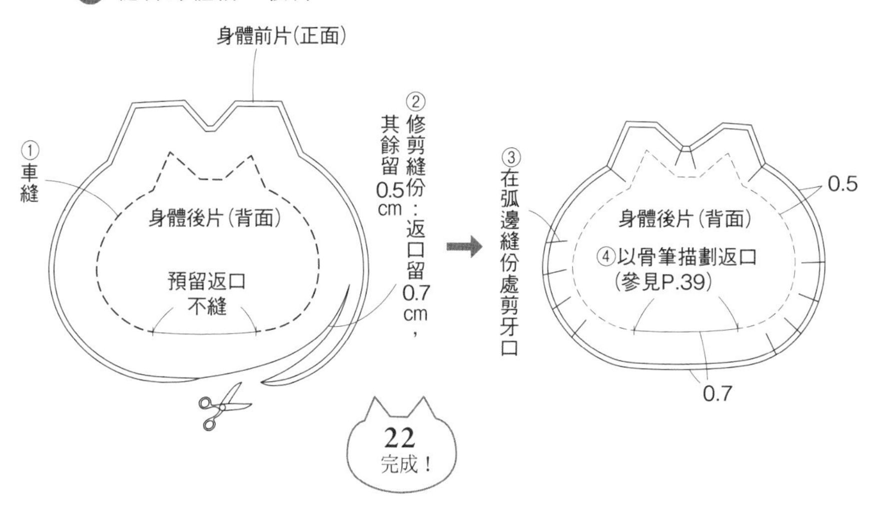
身體前片(正面)
①車縫
身體後片(背面)
預留返口
不縫
②修剪縫份：返口留0.7cm，其餘留0.5cm
③在弧邊縫份處剪牙口
0.5
身體後片(背面)
④以骨筆描劃返口
(參見P.39)
0.7
22
完成！

3 翻回正面，縫合返口

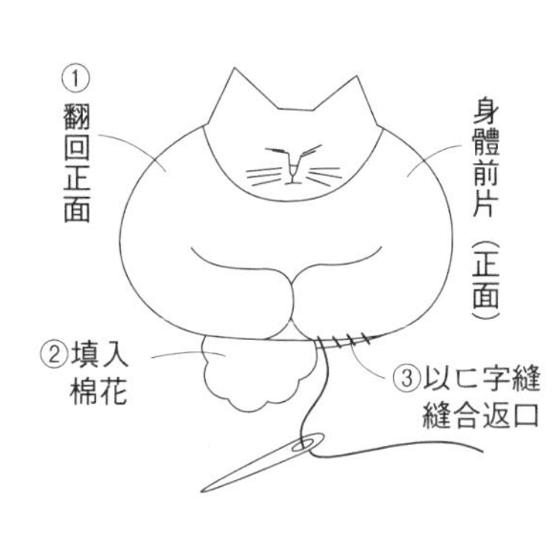
①翻回正面
身體前片(正面)
②填入棉花
③以ㄈ字縫縫合返口

4 縫上胸針

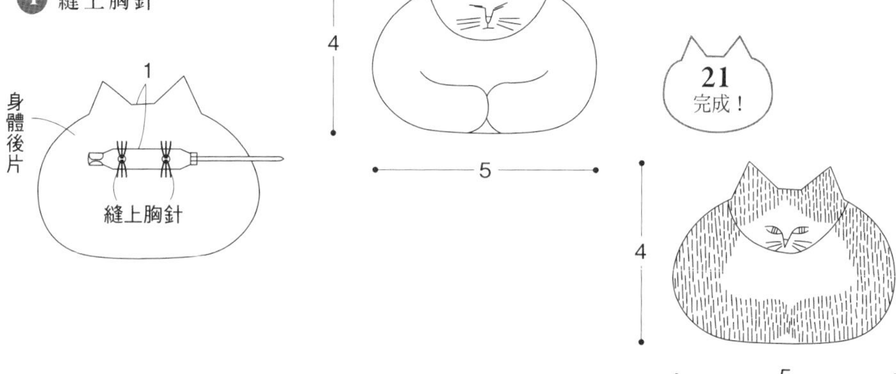
1
身體後片
縫上胸針
4
5
21
完成！
4
5

P.18 **25・26 肖像畫**

原寸紙型&刺繡圖案／P.51

25・26材料（1個）

表布（亞麻布・米色）…14cm寬14cm
接著襯…8cm寬8cm
木製胸針台（直徑4.5㎝）…1個
DMC 25號繡線（310）
手工藝用白膠

25・26 作法

1 在表布上刺繡後，剪成圓形

2 製作胸針台

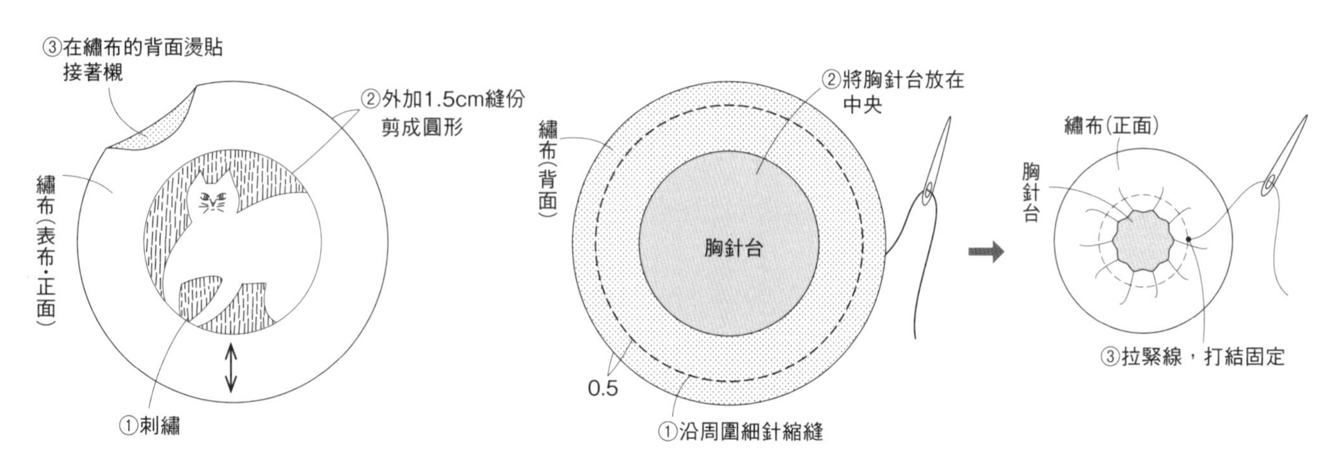
③在繡布的背面燙貼
接著襯
②外加1.5cm縫份
剪成圓形
繡布(表布・正面)
①刺繡
②將胸針台放在
中央
繡布(背面)
胸針台
0.5
①沿周圍細針縮縫
繡布(正面)
胸針台
③拉緊線，打結固定

3 將胸針台安裝在木框上

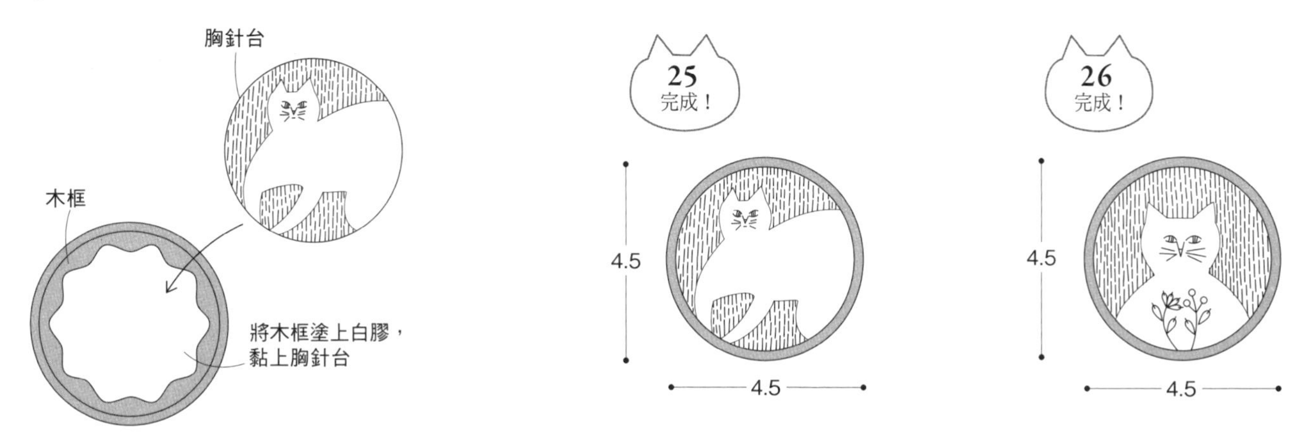
胸針台
木框
將木框塗上白膠，
黏上胸針台
25
完成！
26
完成！
4.5
4.5
4.5
4.5

P.17 **23・24** 母雞蹲 原寸紙型＆刺繡圖案／P.57

23・24材料（1個）

表布（亞麻布・米色）…16cm寬16cm
裡布（棉麻帆布・米色）…9cm寬8cm
胸針（3cm）…1個
填充棉花…適量
DMC 25號繡線（310）

23・24 作法

1 在表布上刺繡，剪下身體前片

2 縫合身體前・後片

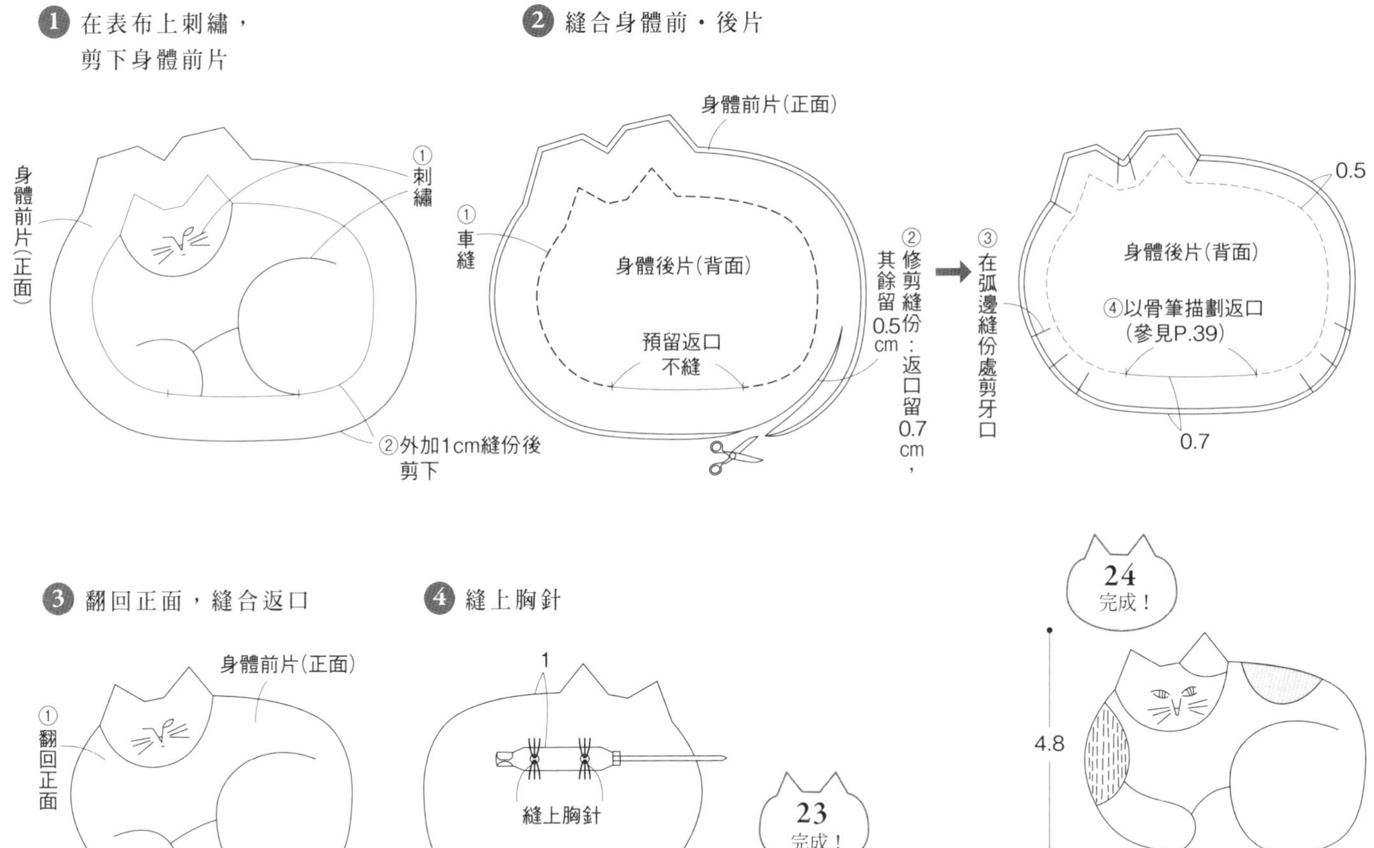

身體前片(正面)
①刺繡
②外加1cm縫份後剪下
身體前片(正面)
①車縫
身體後片(背面)
預留返口不縫
②修剪縫份：返口留0.7cm，其餘留0.5cm
③在弧邊縫份處剪牙口
身體後片(背面)
0.5
④以骨筆描劃返口(參見P.39)
0.7

3 翻回正面，縫合返口

4 縫上胸針

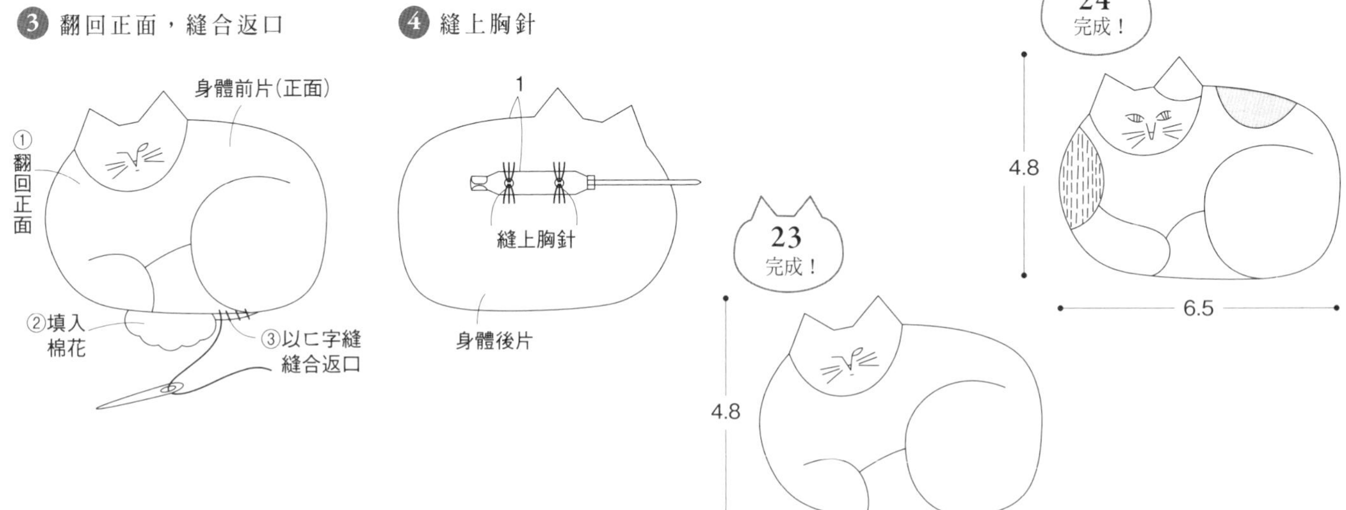

身體前片(正面)
①翻回正面
②填入棉花
③以ㄈ字縫縫合返口
1
縫上胸針
身體後片
24 完成！
4.8
6.5
23 完成！
4.8
6.5

23 原寸紙型・刺繡圖案

※皆外加1cm縫份後剪下。
※刺繡標示的讀法參見P.34。

身體前片（表布・1片）
身體後片（裡布・與前片對稱 1片）

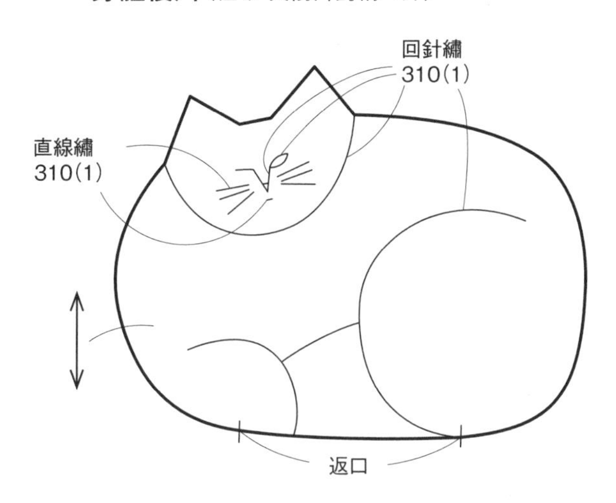
回針繡
310(1)
直線繡
310(1)
返口

24 原寸紙型・刺繡圖案

※皆外加1cm縫份後剪下。
※刺繡標示的讀法參見P.34。

身體前片（表布・1片）
身體後片（裡布・與前片對稱 1片）

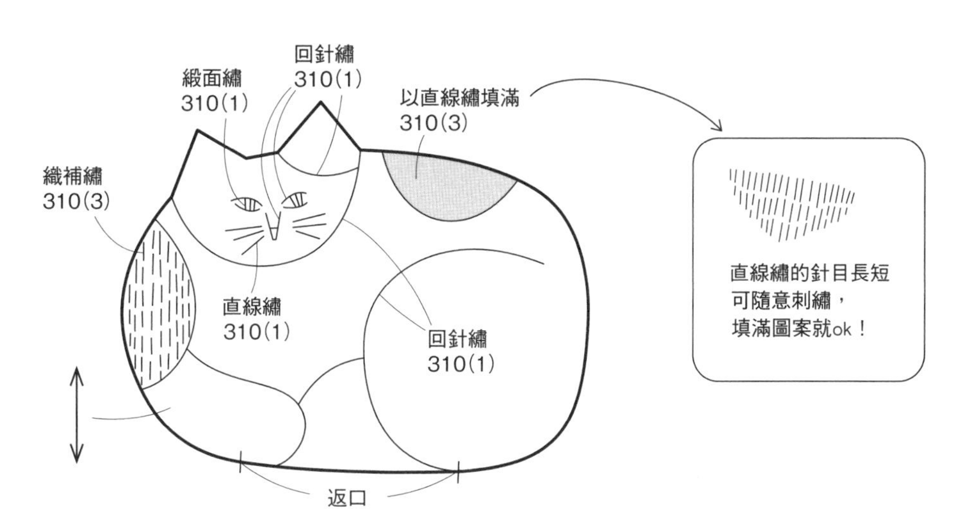
回針繡
310(1)
緞面繡
310(1)
以直線繡填滿
310(3)
織補繡
310(3)
直線繡
310(1)
回針繡
310(1)
返口
直線繡的針目長短
可隨意刺繡，
填滿圖案就ok！

P.19 **27・28** 蛋形貓咪掛飾

原寸紙型＆刺繡圖案／P.59

27 材料

A布（亞麻布・米色）…8cm寬6cm
B布（亞麻布・深藍色）…14cm寬14cm
C布（棉麻帆布・米色）…8cm寬10cm
蕾絲（0.5cm寬）…12cm
填充棉花…適量
DMC 25號繡線（169、310、831）

28 材料

A布（亞麻布・米色）…8cm寬6cm
B布（亞麻布・芥末黃）…14cm寬14cm
C布（棉麻帆布・米色）…8cm寬10cm
蕾絲（0.5cm寬）…12cm
填充棉花…適量
DMC 25號繡線（01、310、500、3779、3813、ECRU）

27・28 作法

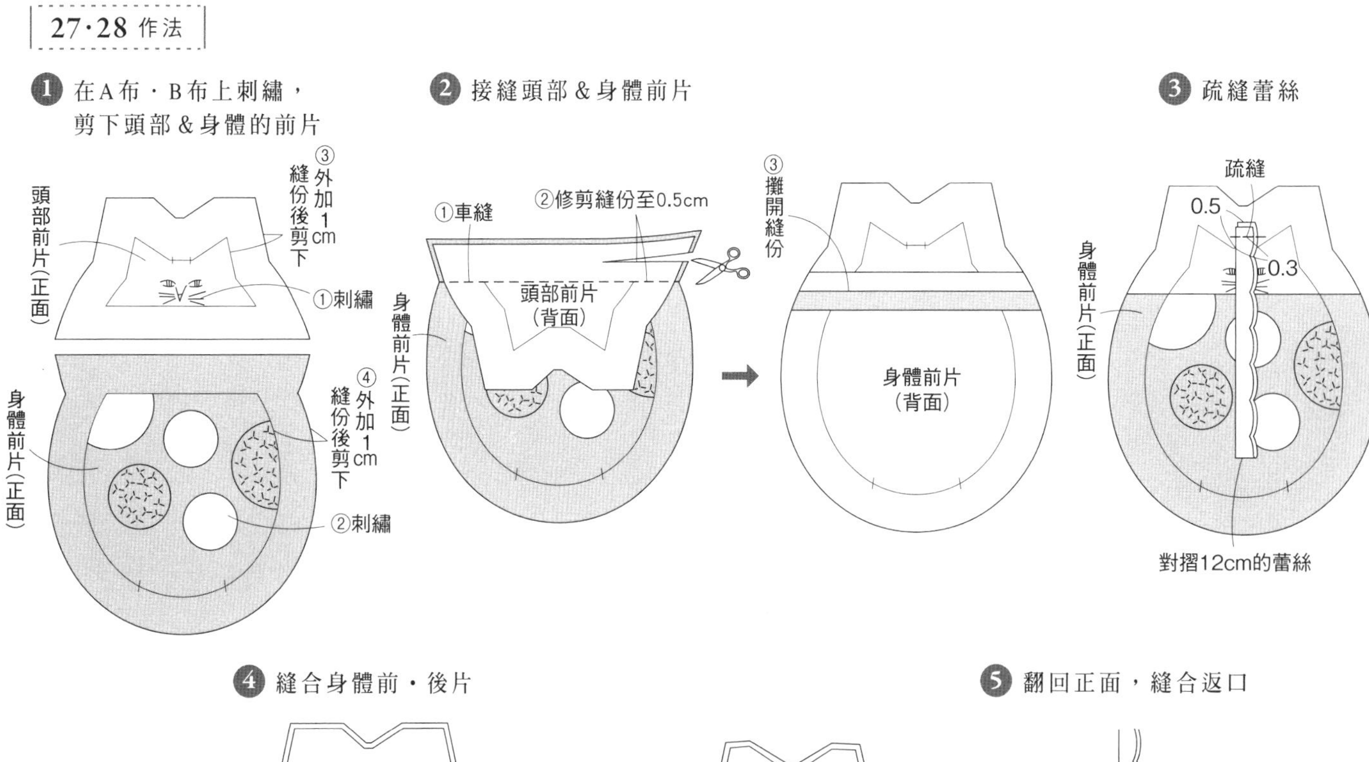
1 在A布・B布上刺繡，剪下頭部＆身體的前片
頭部前片(正面)
③外加1cm縫份後剪下
①刺繡
身體前片(正面)
④外加1cm縫份後剪下
②刺繡
2 接縫頭部＆身體前片
①車縫
②修剪縫份至0.5cm
身體前片(正面)
頭部前片(背面)
③攤開縫份
身體前片(背面)
3 疏縫蕾絲
疏縫
0.5
0.3
身體前片(正面)
對摺12cm的蕾絲

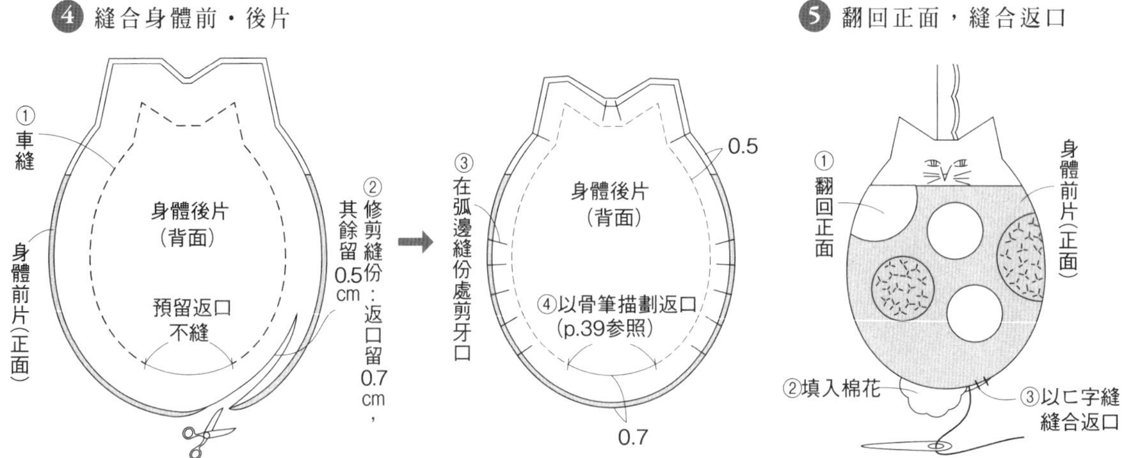
4 縫合身體前・後片
①車縫
身體後片(背面)
身體前片(正面)
預留返口不縫
②修剪縫份：其餘留0.5cm，返口留0.7cm，
③在弧邊縫份處剪牙口
身體後片(背面)
0.5
④以骨筆描劃返口(p.39参照)
0.7
5 翻回正面，縫合返口
①翻回正面
身體前片(正面)
②填入棉花
③以ㄈ字縫縫合返口

27・28 原寸紙型・刺繡圖案

※皆外加1cm縫份後剪下。

※刺繡標示的讀法參見P.43。

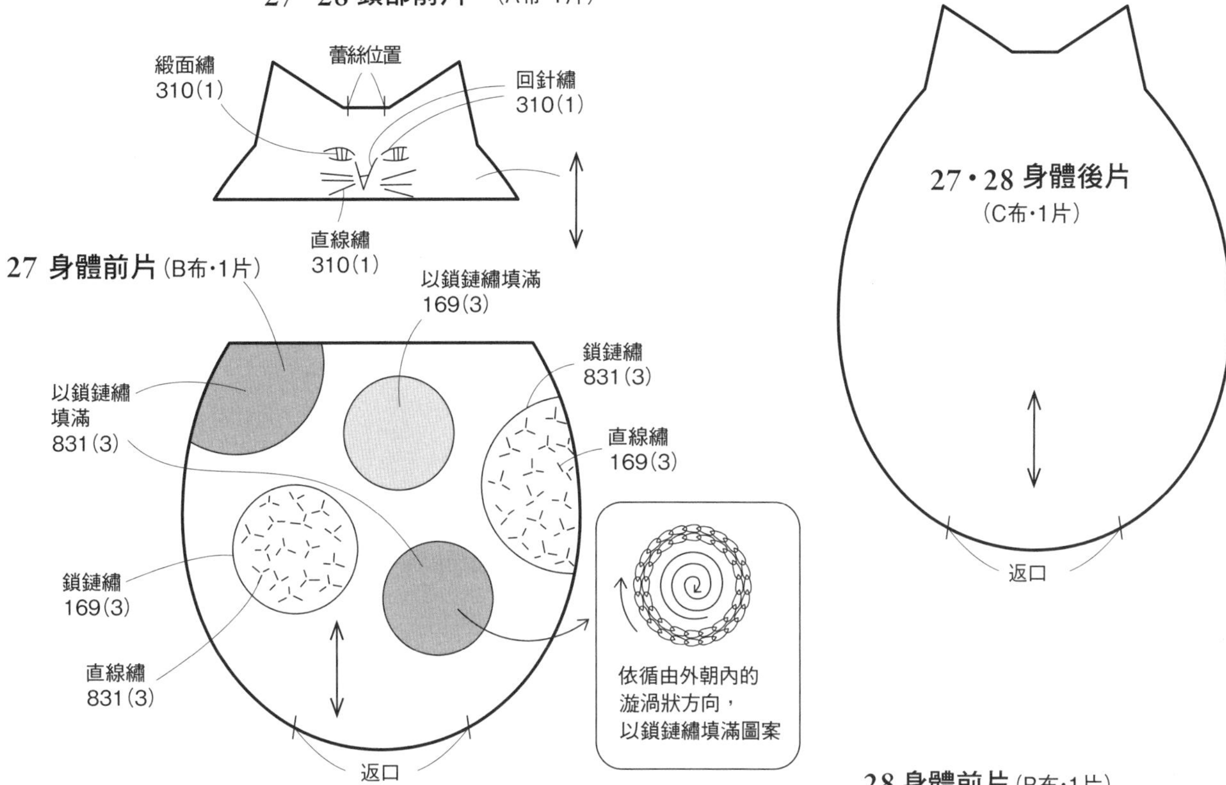

27・28 頭部前片 (A布・1片)
緞面繡
310(1)
蕾絲位置
回針繡
310(1)
直線繡
310(1)
27 身體前片 (B布・1片)
以鎖鏈繡填滿
169(3)
以鎖鏈繡
填滿
831(3)
鎖鏈繡
831(3)
直線繡
169(3)
鎖鏈繡
169(3)
直線繡
831(3)
返口
依循由外朝內的
漩渦狀方向，
以鎖鏈繡填滿圖案
27・28 身體後片
(C布・1片)
返口

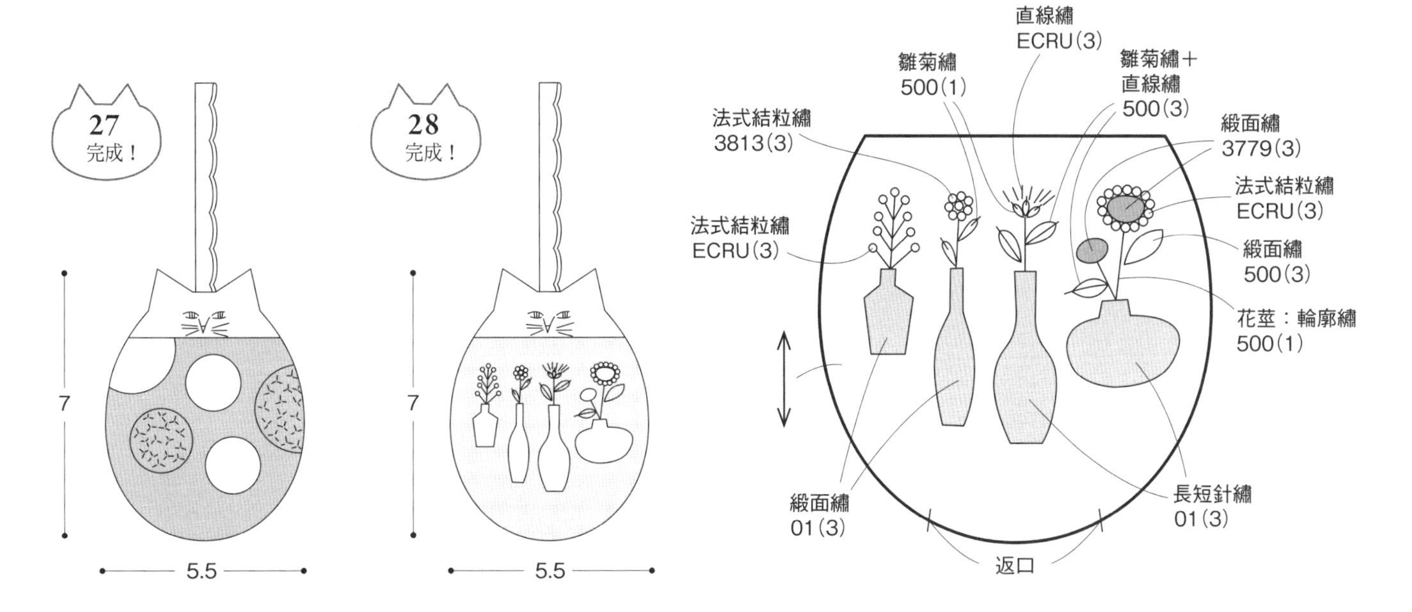

27
完成！
28
完成！
7
5.5
7
5.5
28 身體前片 (B布・1片)
直線繡
ECRU(3)
雛菊繡
500(1)
雛菊繡＋
直線繡
500(3)
法式結粒繡
3813(3)
緞面繡
3779(3)
法式結粒繡
ECRU(3)
法式結粒繡
ECRU(3)
緞面繡
500(3)
花莖：輪廓繡
500(1)
緞面繡
01(3)
長短針繡
01(3)
返口

P.20 **29** 吊飾 ＜原寸紙型＆刺繡圖案／P.72＞

原寸紙型＆刺繡圖案／P.72

材料

表布（亞麻布・米色）…18cm寬18cm
裡布（棉麻帆布・米色）…7cm寬12cm
圓繩（粗0.2cm）…13cm
填充棉花…適量
DMC 25號繡線（500）

作法

1 在表布上刺繡，剪下身體前片

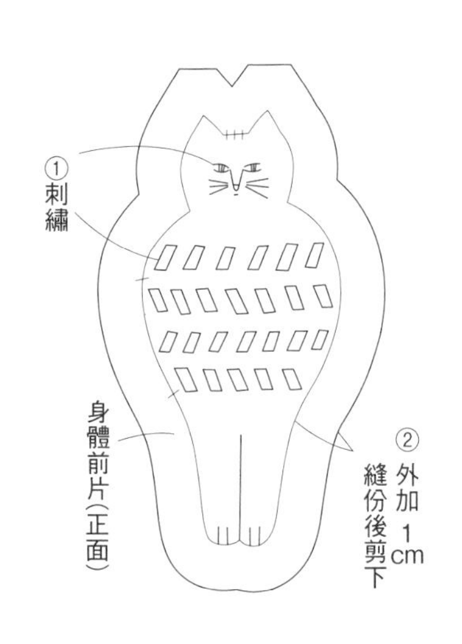

①刺繡
身體前片(正面)
②外加1cm縫份後剪下

2 疏縫圓繩

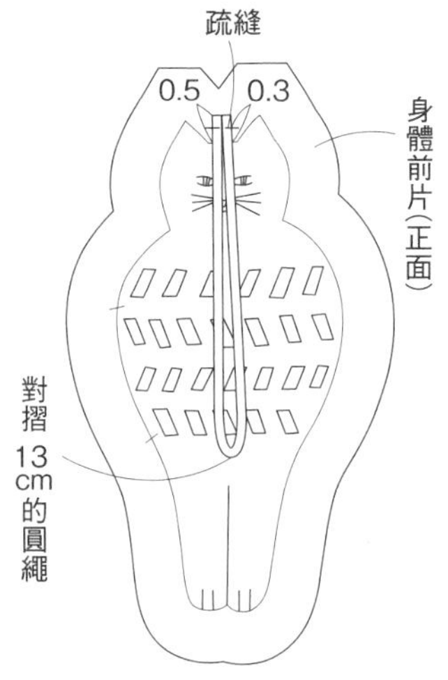

疏縫
0.5
0.3
身體前片(正面)
對摺13cm的圓繩

3 縫合身體前・後片

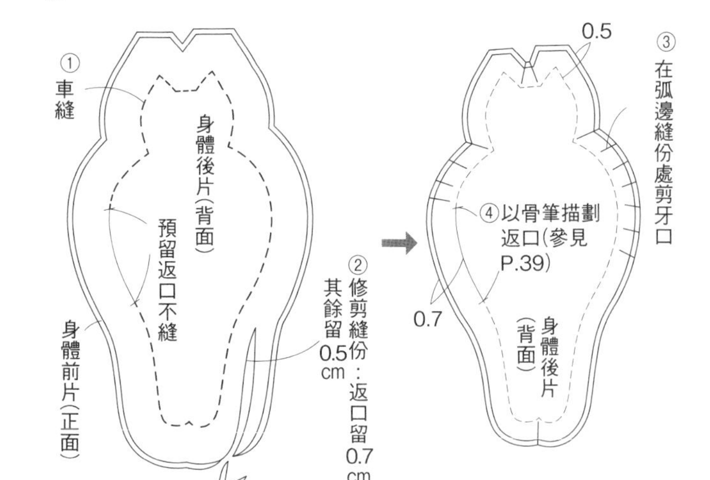

①車縫
身體後片(背面)
預留返口不縫
身體前片(正面)
②修剪縫份：返口留0.7cm，其餘留0.5cm
0.5
③在弧邊縫份處剪牙口
④以骨筆描劃返口(參見P.39)
0.7
身體後片(背面)

4 翻回正面，縫合返口

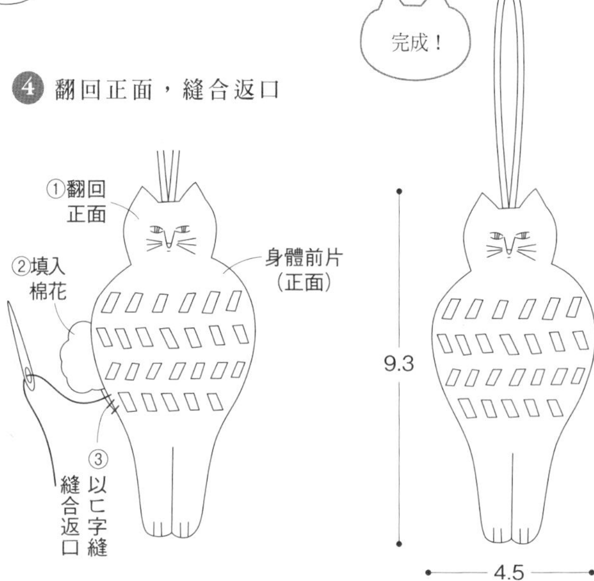

完成！
①翻回正面
②填入棉花
③以ㄈ字縫縫合返口
身體前片(正面)
9.3
4.5

P.20 **30** 吊飾 原寸紙型＆刺繡圖案／P.72

材料

表布（亞麻布・米色）…18cm寬18cm
裡布（棉麻帆布・米色）…6cm寬12cm
圓繩（粗0.1cm）…9cm
填充棉花…適量
DMC 25號繡線（310）

作法

❶ 在表布上刺繡，剪下身體前片

身體前片（正面）
②外加1cm縫份後剪下
①刺繡

❷ 疏縫圓繩

疏縫
0.5
0.3
身體前片（正面）
對摺9cm的圓繩

❸ 縫合身體前・後片

①車縫
身體前片（正面）
身體後片（背面）
預留返口不縫
②修剪縫份：身體留0.7cm，頭部・尾巴留0.5cm
0.5
③在弧邊縫份處剪牙口
④以骨筆描劃返口（參見P.39）
身體後片（背面）
0.7
0.5

❹ 翻回正面，縫合返口

②填入棉花
①翻回正面
③以ㄈ字縫縫合返口
身體前片（正面）

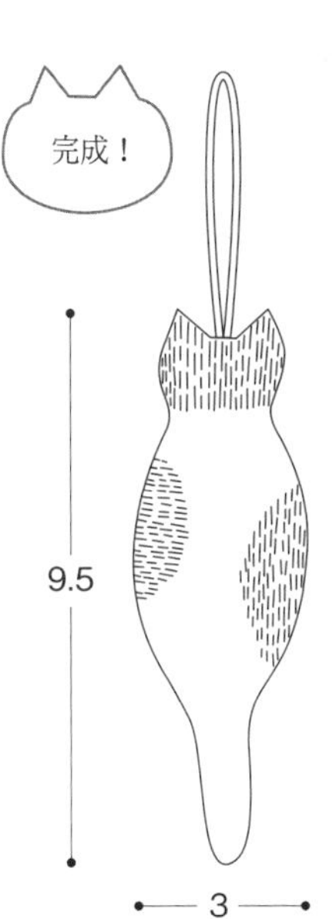

完成！
9.5
3

P.21 **31・32**  吊飾 原寸紙型＆刺繡圖案／P.63

31材料

表布（亞麻布・米色）…18cm寬18cm
裡布（棉麻帆布・米色）…8cm寬10cm
圓繩（粗0.2cm）…25cm
填充棉花…適量
DMC 25號繡線（01、02、169、310、924、3753）

32材料

表布（亞麻布・米色）…18cm寬18cm
裡布（棉麻帆布・米色）…8cm寬10cm
圓繩（粗0.2cm）…25cm
填充棉花…適量
DMC 25號繡線（310、939、3328、3787）

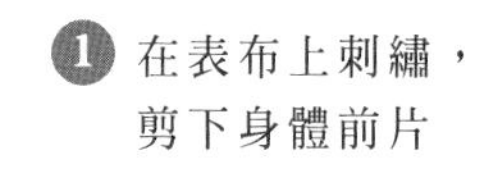

31・32 作法

1 在表布上刺繡，剪下身體前片

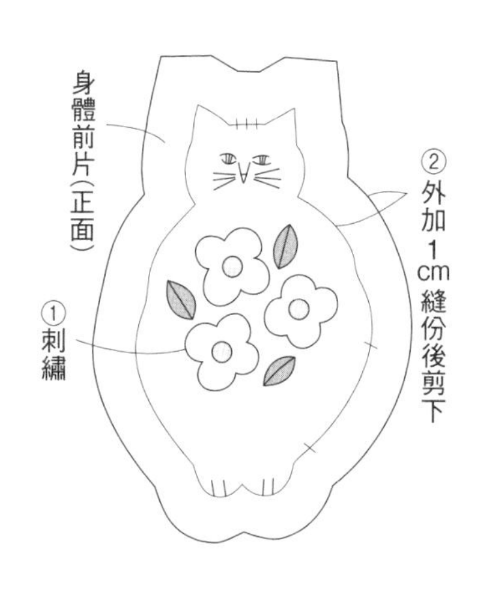
身體前片(正面)
②外加1cm縫份後剪下
①刺繡

2 疏縫圓繩

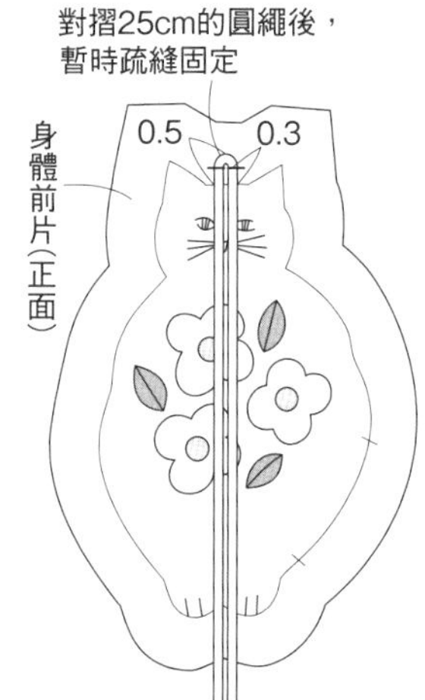
對摺25cm的圓繩後，暫時疏縫固定
0.5
0.3
身體前片(正面)

3 縫合身體前・後片

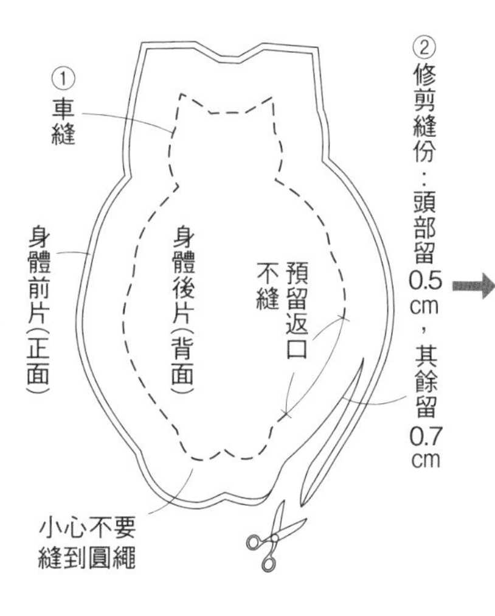
①車縫
身體前片(正面)
身體後片(背面)
預留返口
不縫
②修剪縫份：頭部留0.5cm，其餘留0.7cm
小心不要縫到圓繩

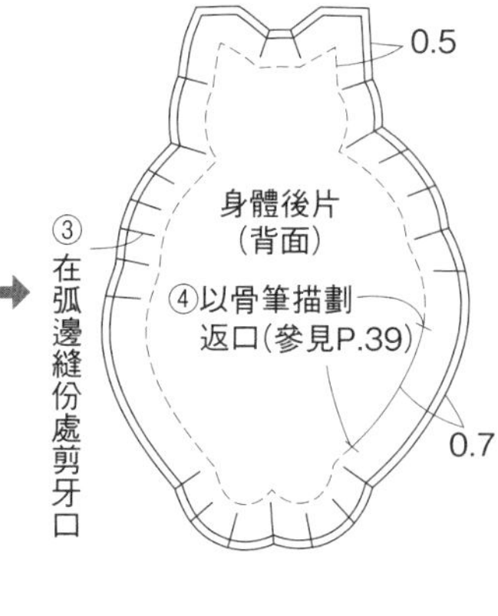
0.5
身體後片(背面)
③在弧邊縫份處剪牙口
④以骨筆描劃返口(參見P.39)
0.7

4 翻回正面，縫合返口

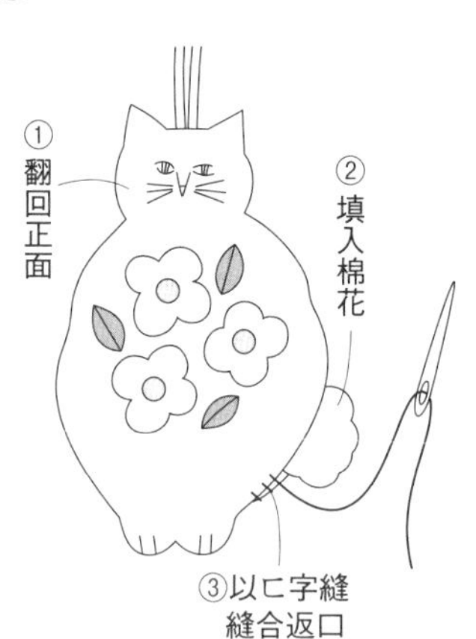
①翻回正面
②填入棉花
③以匚字縫縫合返口

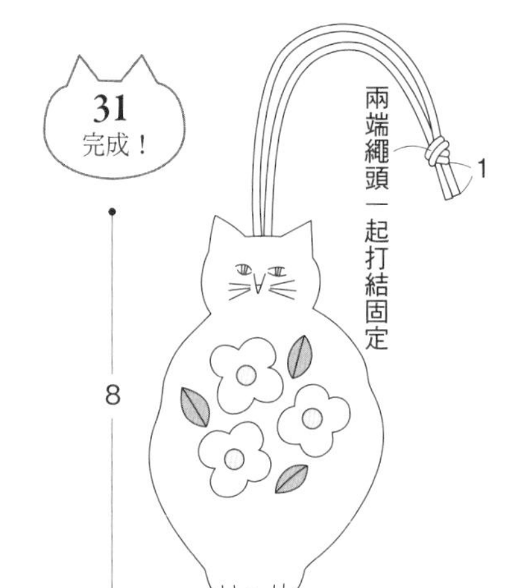
31
完成！
兩端繩頭一起打結固定
1
8
5

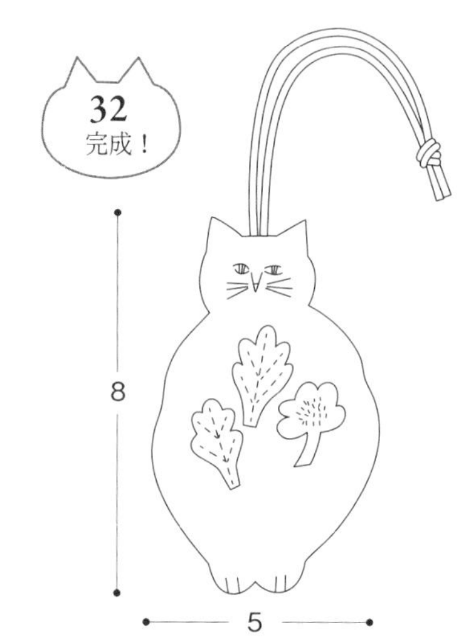
32
完成！
8
5

31 原寸紙型・刺繡圖案

※皆外加1cm縫份後剪下。
※刺繡標示的讀法參見P.43。

身體前片（表布·1片）
身體後片（裡布·與前片對稱 1片）

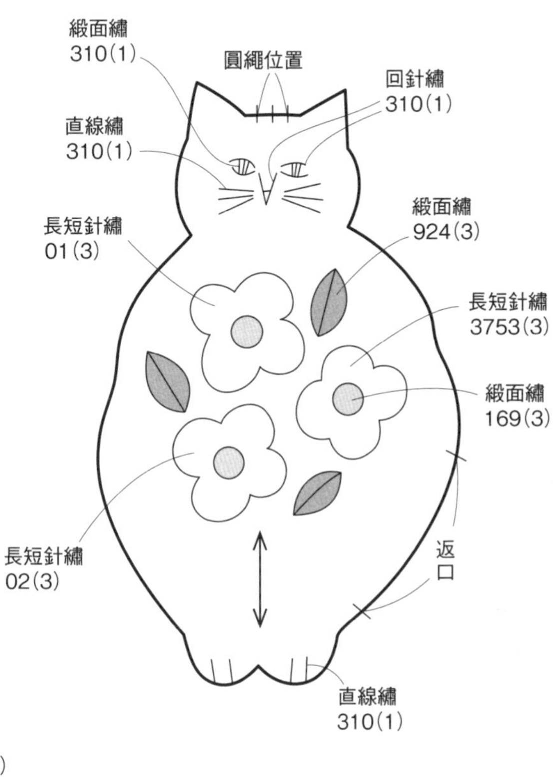

緞面繡
310(1)
圓繩位置
回針繡
310(1)
直線繡
310(1)
緞面繡
924(3)
長短針繡
01(3)
長短針繡
3753(3)
緞面繡
169(3)
長短針繡
02(3)
返口
直線繡
310(1)

32 原寸紙型・刺繡圖案

※皆外加1cm縫份後剪下。
※刺繡標示的讀法參見P.43。

身體前片（表布·1片）
身體後片（裡布·與前片對稱 1片）

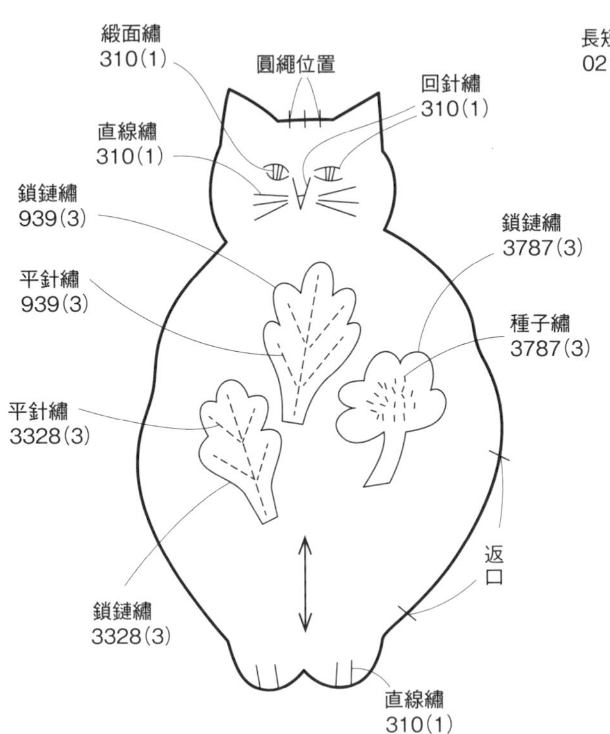

緞面繡
310(1)
圓繩位置
回針繡
310(1)
直線繡
310(1)
鎖鏈繡
939(3)
鎖鏈繡
3787(3)
平針繡
939(3)
種子繡
3787(3)
平針繡
3328(3)
返口
鎖鏈繡
3328(3)
直線繡
310(1)

P.22 **33 親子貓咪懸掛飾物**

原寸紙型＆刺繡圖案／P.66至P.67

材料

表布（亞麻布・米色）…60cm寬20cm
填充棉花…適量
DMC 25號繡線糸（169、310、535、823、3799）
DMC 珍珠棉8號線（822）

作法

1 在表布上刺繡，剪下身體前・後片

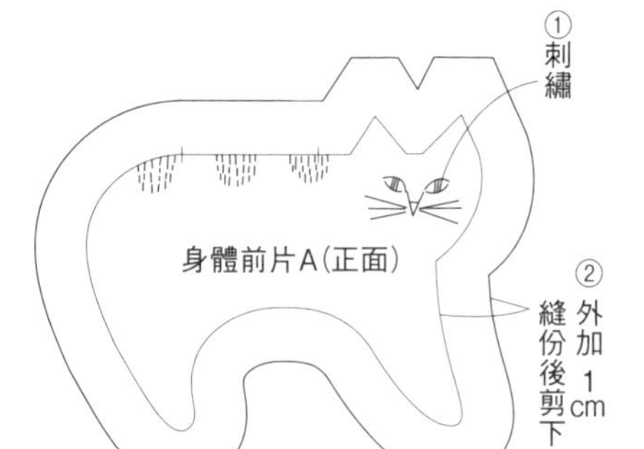

①刺繡
身體前片A（正面）
②外加1cm縫份後剪下

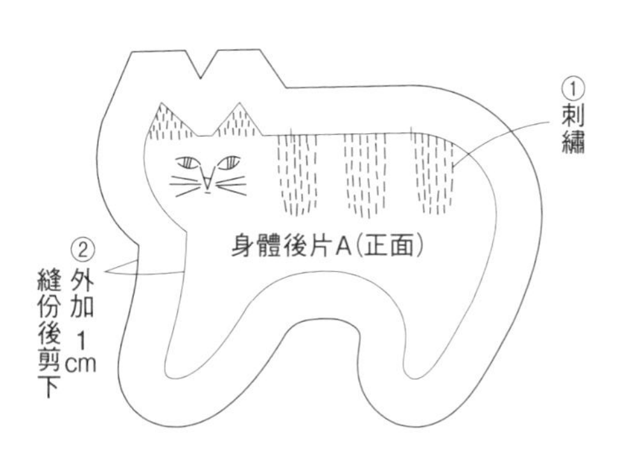

①刺繡
身體後片A（正面）
②外加1cm縫份後剪下

2 縫合小貓A的身體前・後片

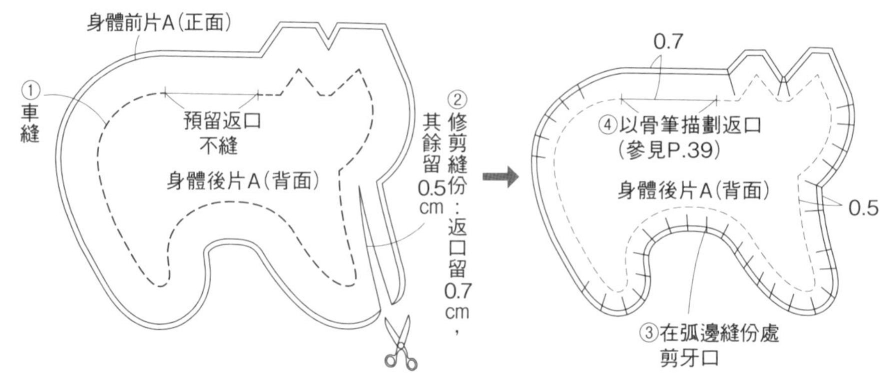

身體前片A（正面）
①車縫
預留返口不縫
身體後片A（背面）
②修剪縫份：返口留0.7cm，其餘留0.5cm
0.7
④以骨筆描劃返口（參見P.39）
身體後片A（背面）
0.5
③在弧邊縫份處剪牙口

3 翻回正面，縫合返口

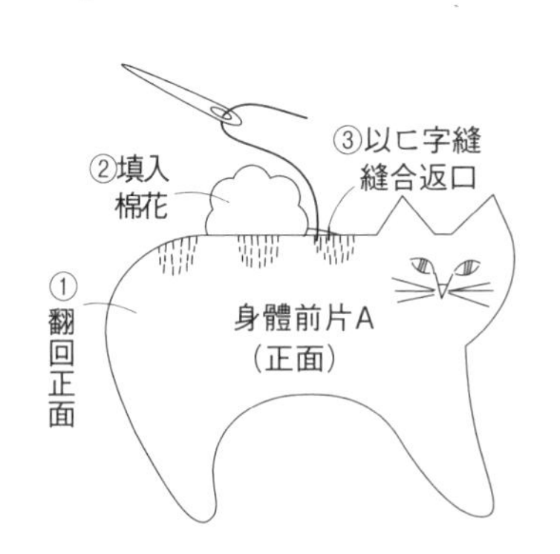

②填入棉花
③以ㄈ字縫縫合返口
①翻回正面
身體前片A（正面）

4 製作小貓B

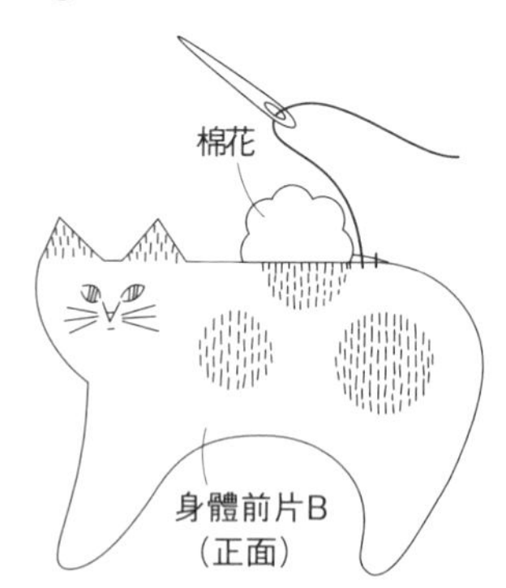

棉花
身體前片B（正面）

※小貓B的作法與小貓A相同

❺ 製作大貓

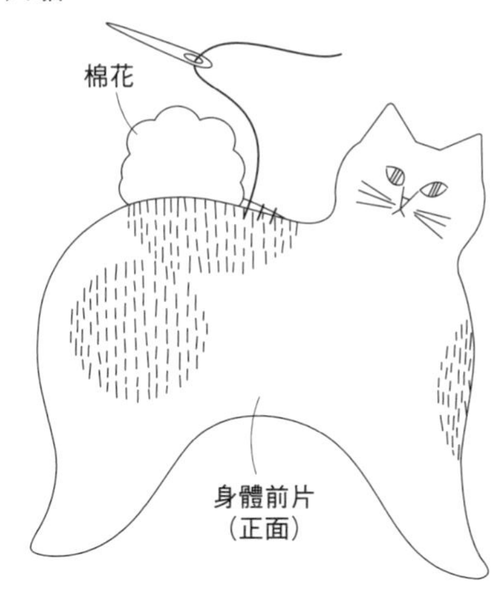
棉花
身體前片
(正面)

※大貓的作法與小貓A相同

❻ 穿縫串接大小貓咪

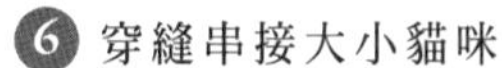

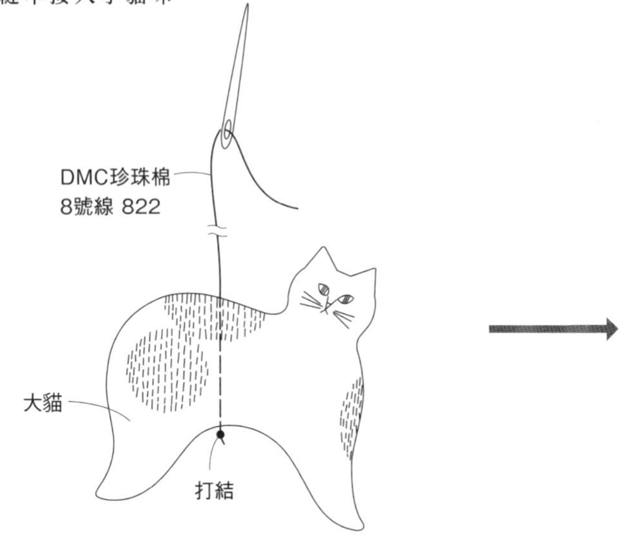
DMC珍珠棉
8號線 822
大貓
打結

取布偶專用長針穿線後，從下方開始穿接大小貓咪。
除了在最下方打結固定之外，其餘皆不打結，
因此貓咪們可隨意移動高低位置。

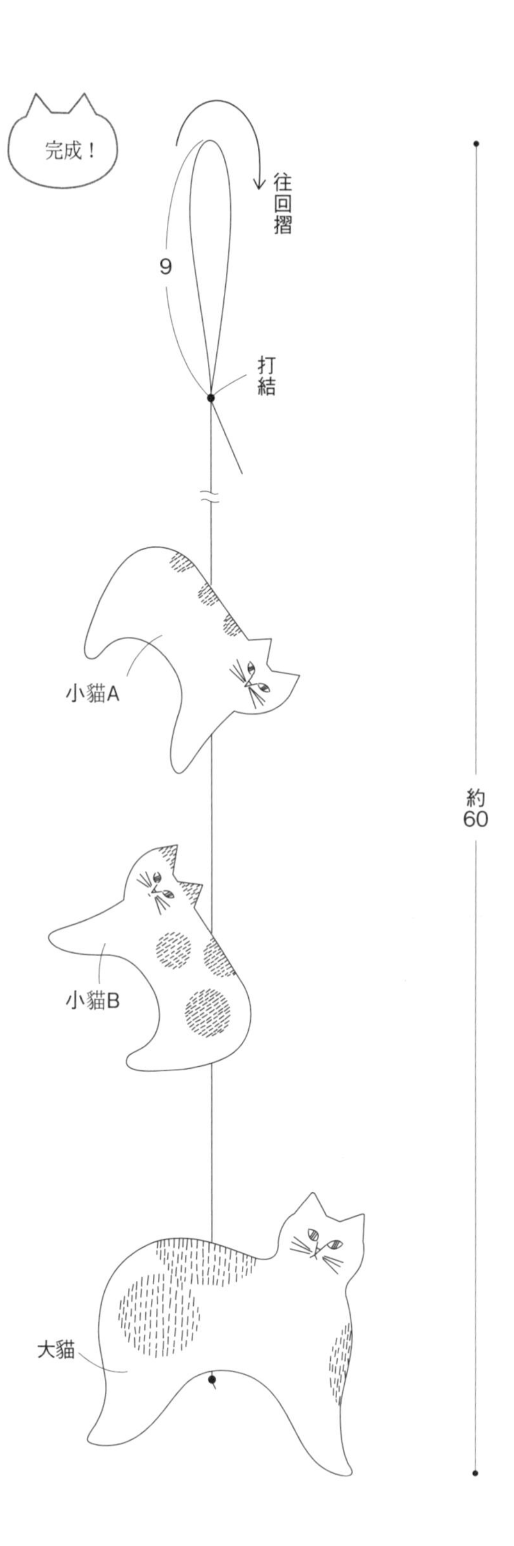
完成！
往回摺
9
打結
小貓A
小貓B
大貓
約60

33 原寸紙型・刺繡圖案

※皆外加1cm縫份後剪下。
※刺繡標示的讀法參見P.43。

小貓 A

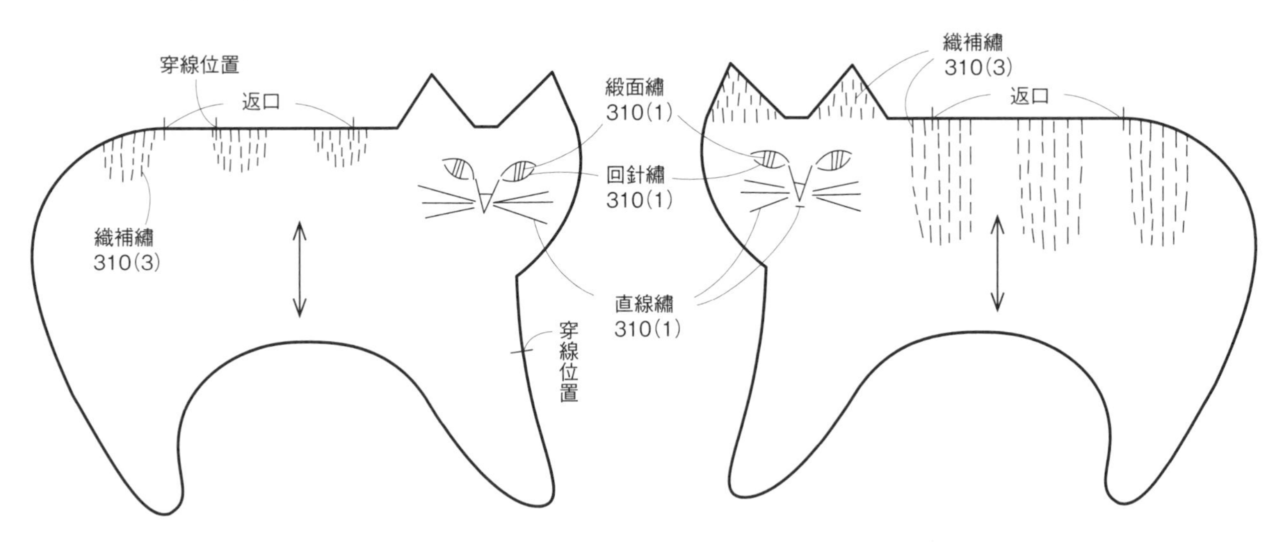
身體前片A（表布・1片）
身體後片A（表布・1片）
穿線位置
返口
緞面繡
310(1)
回針繡
310(1)
織補繡
310(3)
直線繡
310(1)
穿線位置
織補繡
310(3)
返口

小貓 B

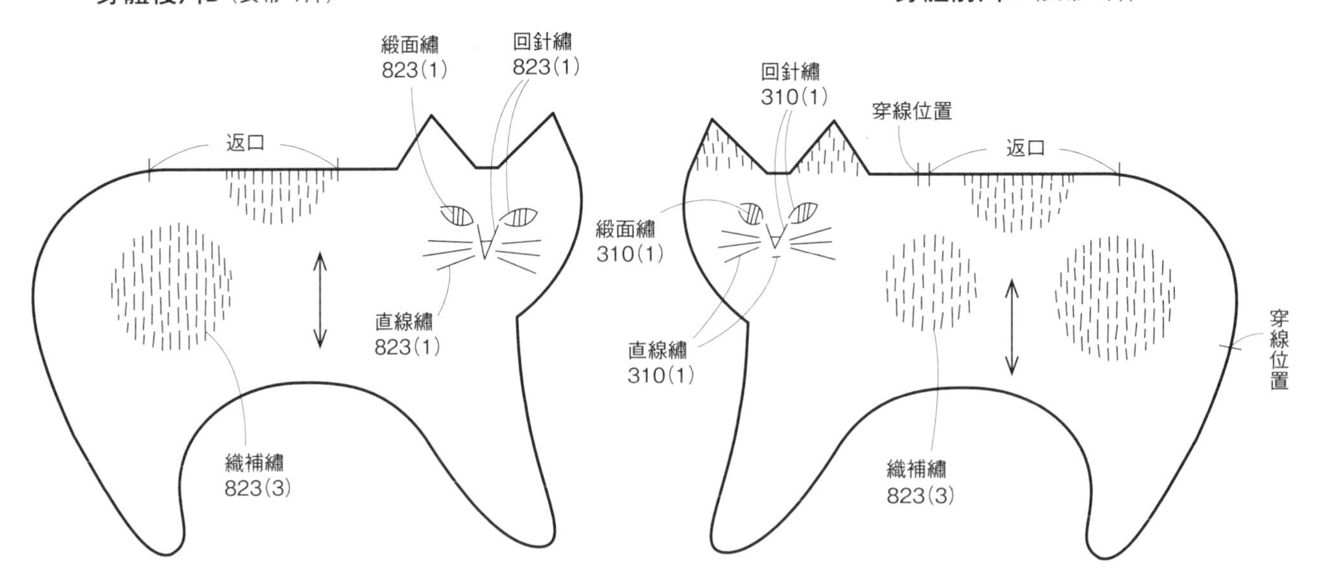
身體後片B（表布・1片）
身體前片B（表布・1片）
緞面繡
823(1)
回針繡
823(1)
返口
直線繡
823(1)
織補繡
823(3)
回針繡
310(1)
穿線位置
返口
緞面繡
310(1)
直線繡
310(1)
穿線位置
織補繡
823(3)

33 原寸紙型・刺繡圖案

※皆外加1cm縫份後剪下。
※刺繡標示的讀法參見P.43。

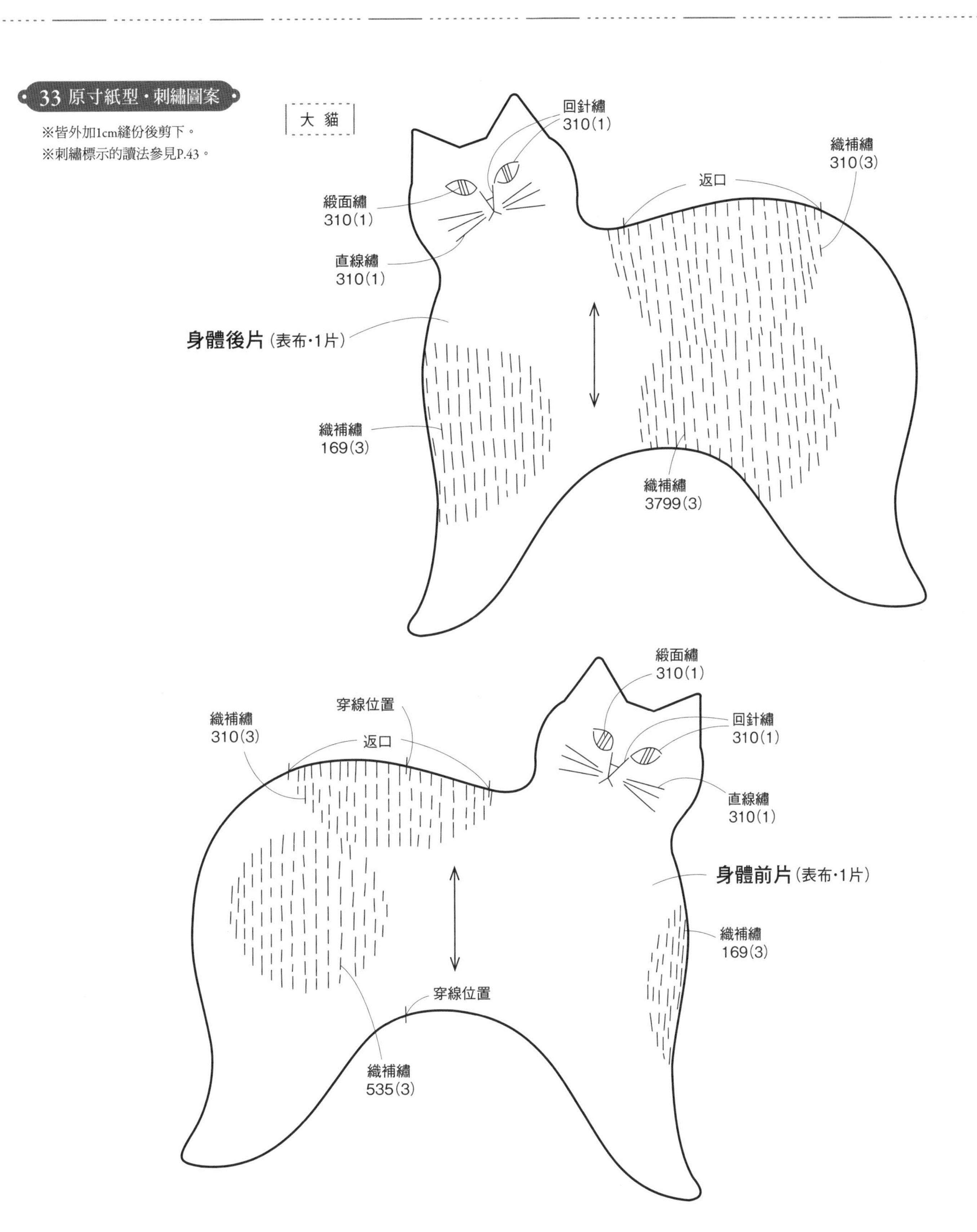

大貓
回針繡
310(1)
織補繡
310(3)
返口
緞面繡
310(1)
直線繡
310(1)
身體後片(表布・1片)
織補繡
169(3)
織補繡
3799(3)
緞面繡
310(1)
織補繡
310(3)
穿線位置
返口
回針繡
310(1)
直線繡
310(1)
身體前片(表布・1片)
織補繡
169(3)
穿線位置
織補繡
535(3)

P.24・25　# 34~36 杯墊

原寸紙型＆刺繡圖案／34＝P.69・35＝P.70・36＝P.71

34 材料

表布（亞麻布・米色）…30cm寬15cm

DMC 25號繡線（310、644、3799）

35・36 材料（1個）

表布（亞麻布・米色）…30cm寬15cm

DMC 25號繡線（310）

34~36 作法

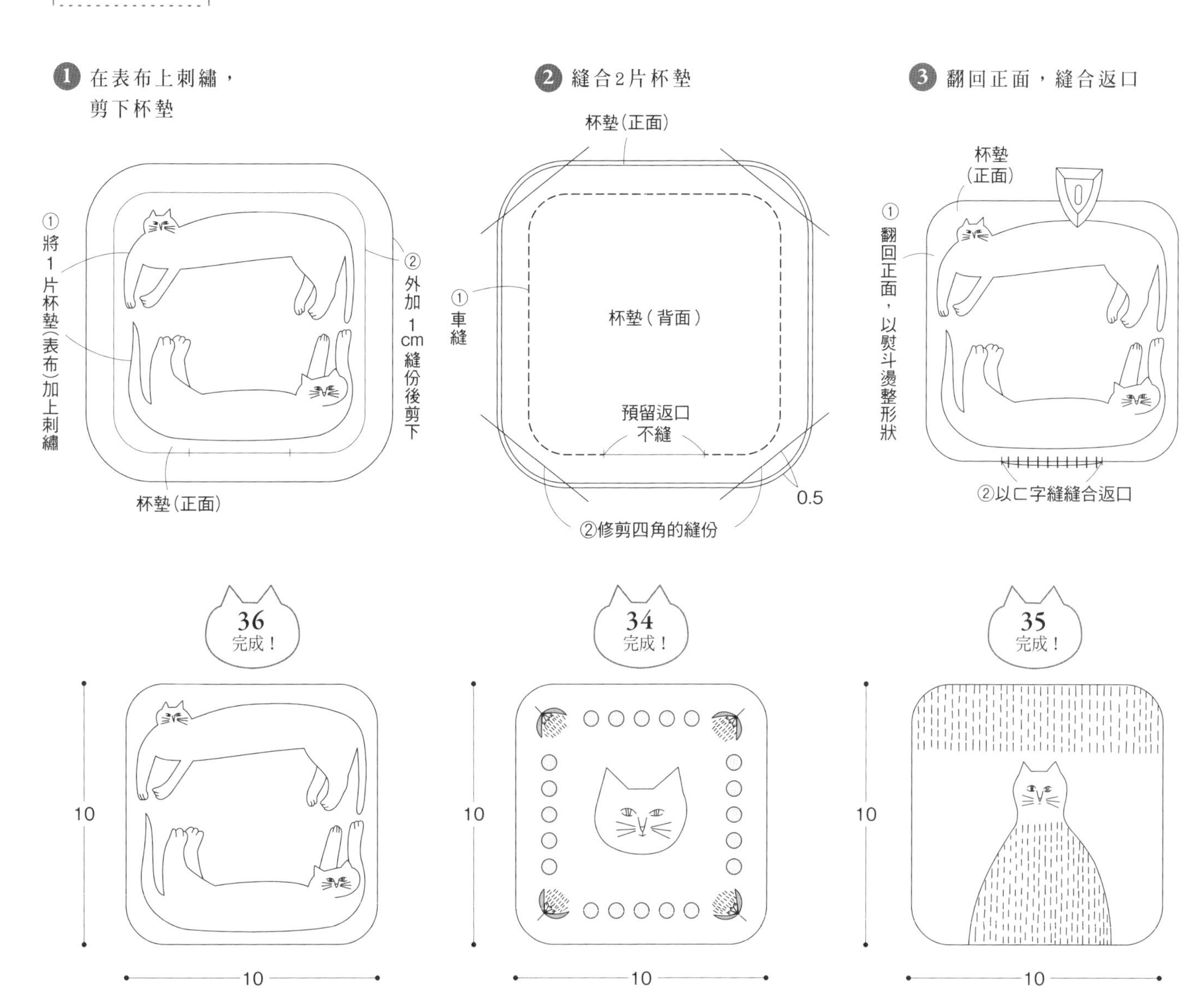

1 在表布上刺繡，剪下杯墊
①將1片杯墊(表布)加上刺繡
②外加1cm縫份後剪下
杯墊(正面)
2 縫合2片杯墊
杯墊(正面)
①車縫
杯墊(背面)
預留返口不縫
0.5
②修剪四角的縫份
3 翻回正面，縫合返口
杯墊(正面)
①翻回正面，以熨斗燙整形狀
②以ㄈ字縫縫合返口
36 完成！
34 完成！
35 完成！
10
10
10
10
10
10

34 原寸紙型・刺繡圖案

※皆外加1cm縫份後剪下。
※刺繡標示的讀法參見P.43。

杯墊(表布·2片)

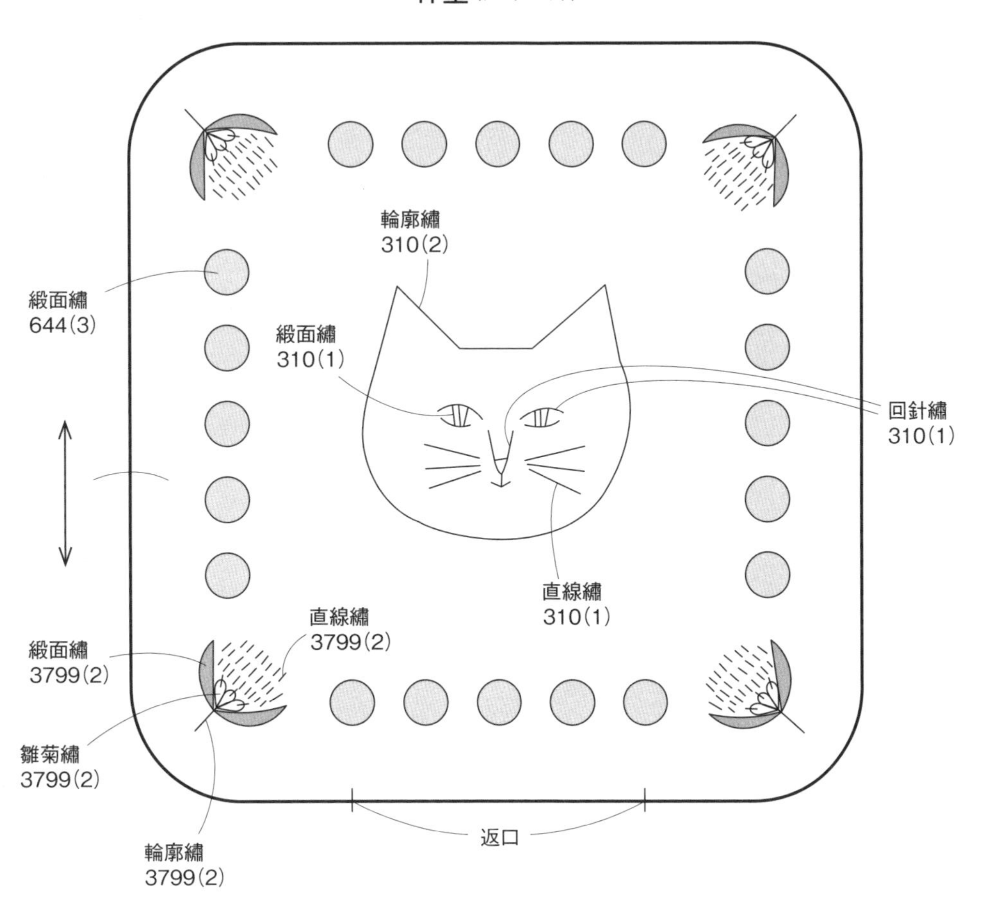
輪廓繡
310(2)
緞面繡
644(3)
緞面繡
310(1)
回針繡
310(1)
直線繡
310(1)
直線繡
3799(2)
緞面繡
3799(2)
雛菊繡
3799(2)
輪廓繡
3799(2)
返口

35 原寸紙型·刺繡圖案

※皆外加1cm縫份後剪下。
※刺繡標示的讀法參見P.43。

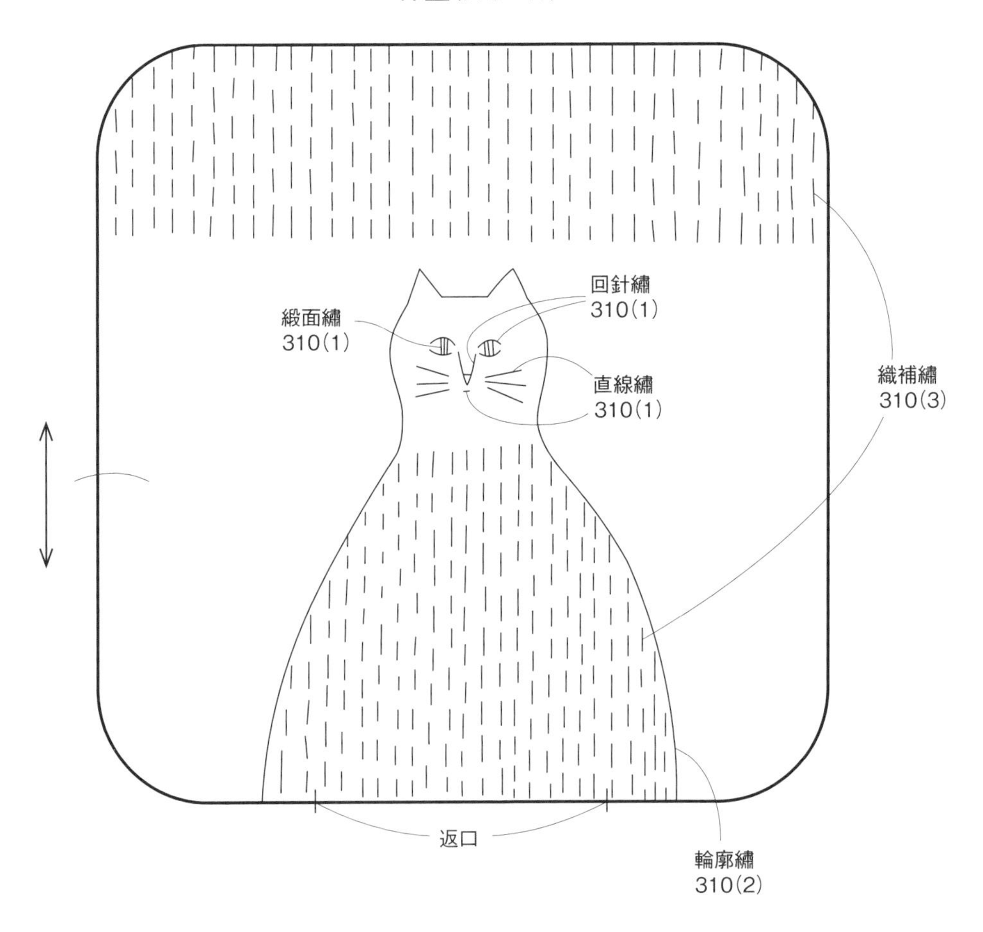
杯墊(表布·2片)
緞面繡
310(1)
回針繡
310(1)
直線繡
310(1)
織補繡
310(3)
返口
輪廓繡
310(2)

36 原寸紙型・刺繡圖案

※皆外加1cm縫份後剪下。
※刺繡標示的讀法參見P.43。

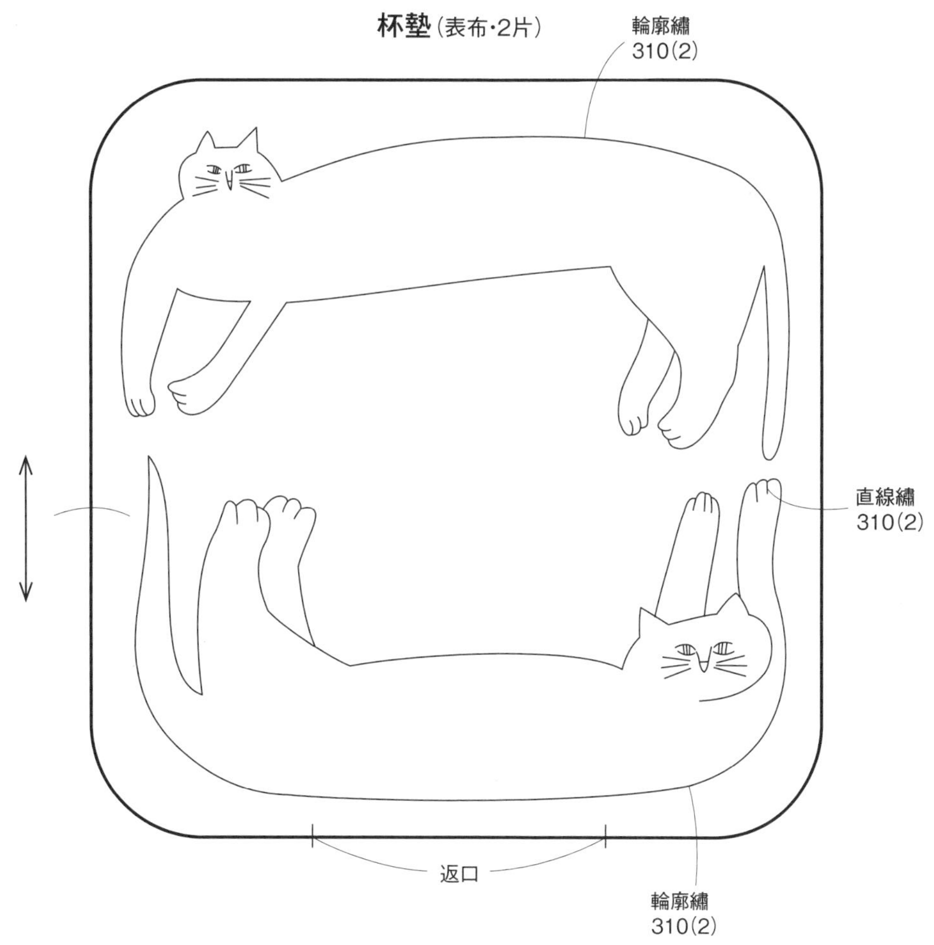
杯墊(表布·2片)
輪廓繡
310(2)
直線繡
310(2)
返口
輪廓繡
310(2)

※眼眶・鼻子：回針繡 310(1)
黑眼珠：緞面繡 310(1)
鬍鬚：直線繡 310(1)

29 原寸紙型・刺繡圖案

※皆外加1cm縫份後剪下。
※刺繡標示的讀法參見P.43。

身體前片（表布・1片）
身體後片（裡布・與前片對稱 1片）

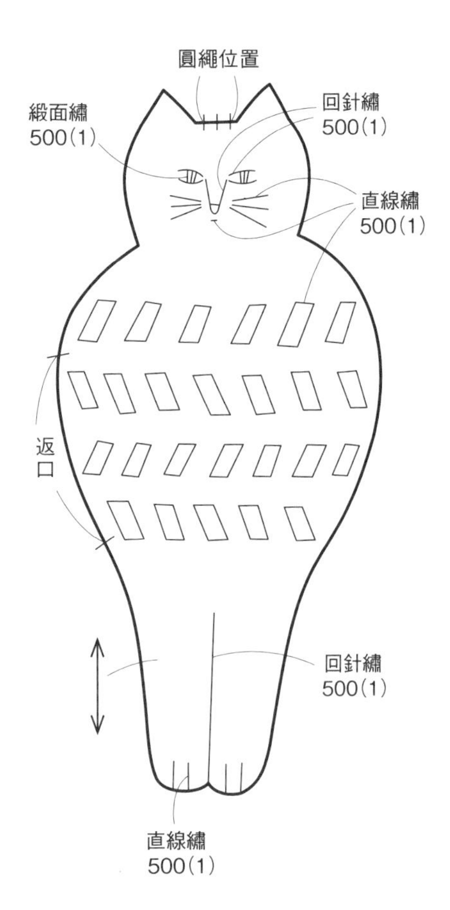

圓繩位置
緞面繡
500(1)
回針繡
500(1)
直線繡
500(1)
返口
回針繡
500(1)
直線繡
500(1)

30 原寸紙型・刺繡圖案

※皆外加1cm縫份後剪下。
※刺繡標示的讀法參見P.43。

身體前片（表布・1片）
身體後片（裡布・與前片對稱 1片）

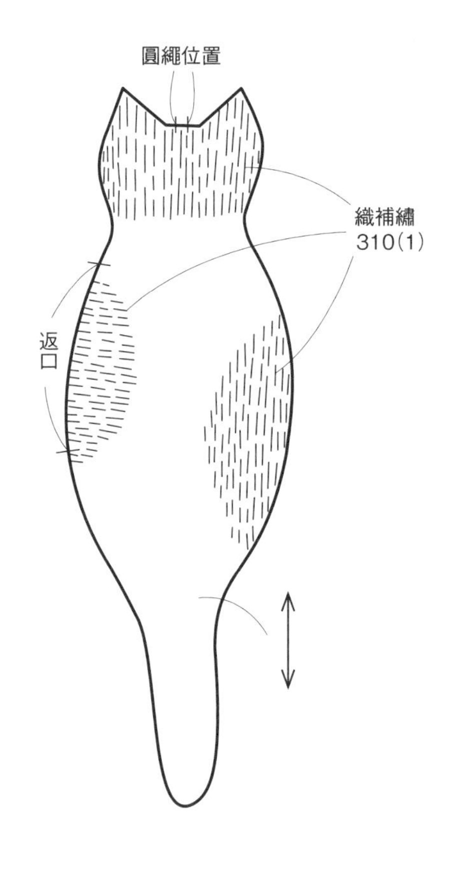

圓繩位置
織補繡
310(1)
返口

37 原寸紙型・刺繡圖案

※皆外加1cm縫份後剪下。
※刺繡標示的讀法參見P.43。

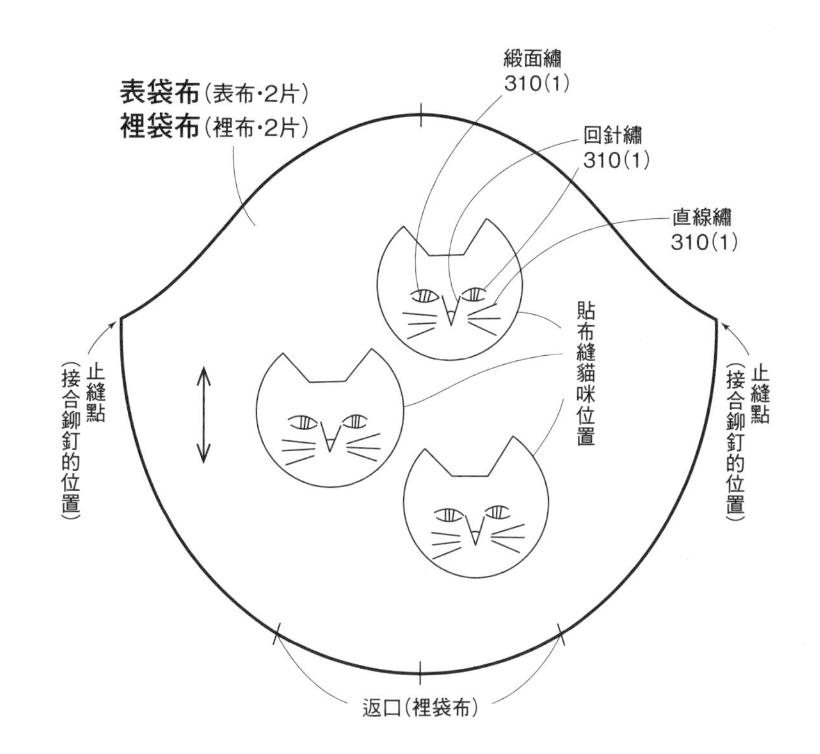
表袋布(表布・2片)
裡袋布(裡布・2片)
緞面繡
310(1)
回針繡
310(1)
直線繡
310(1)
貼布縫貓咪位置
止縫點
(接合鉚釘的位置)
止縫點
(接合鉚釘的位置)
返口(裡袋布)

貼布縫貓咪(裡布・3片)

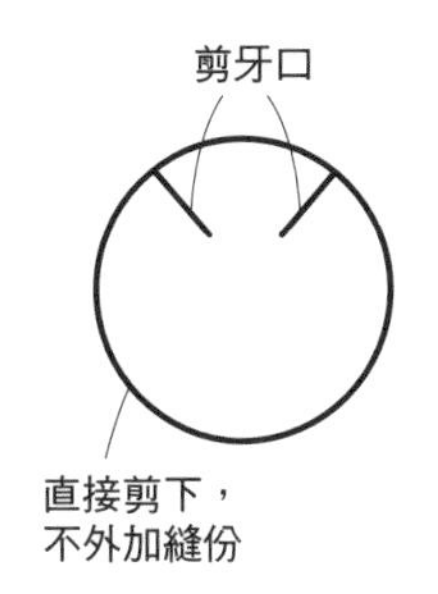
剪牙口
直接剪下，
不外加縫份

38 原寸紙型・刺繡圖案

※皆外加1cm縫份後剪下。
※刺繡標示的讀法參見P.43。

表袋布(表布・2片)
裡袋布(裡布・2片)

織補繡
08(3)

以鎖鏈繡填滿
08(3)

止縫點
(接合鉚釘的位置)

止縫點
(接合鉚釘的位置)

鎖鏈繡
844(3)

種子繡
844(1)

返口(裡袋布)

※眼眶・鼻子：回針繡 844(1)
黑眼珠：緞面繡 844(1)

P.26・27 # 37・38 口金錢包

原寸紙型＆刺繡圖案／P.73

37材料

表布（亞麻布・深紅色）…25cm寬10cm
裡布（棉麻帆布・米色）…22cm寬10cm
口金（約寬6.5cm×高4.5cm／INAZUMA（植村）／BK-672-AG）…1個
DMC 25號繡線（310、644）
手工藝用白膠

38材料

表布（亞麻布・米色）…25cm寬10cm
裡布（亞麻布・芥末黃）…20cm寬10cm
口金（約寬6.5cm×高4.5cm／INAZUMA（植村）／BK-672-AG）…1個
DMC 25號繡線（08、844）
手工藝用白膠

37・38 作法

1 製作貼布縫貓咪，縫在表袋布上（37）

1 在表布上刺繡，剪下表袋布（38）

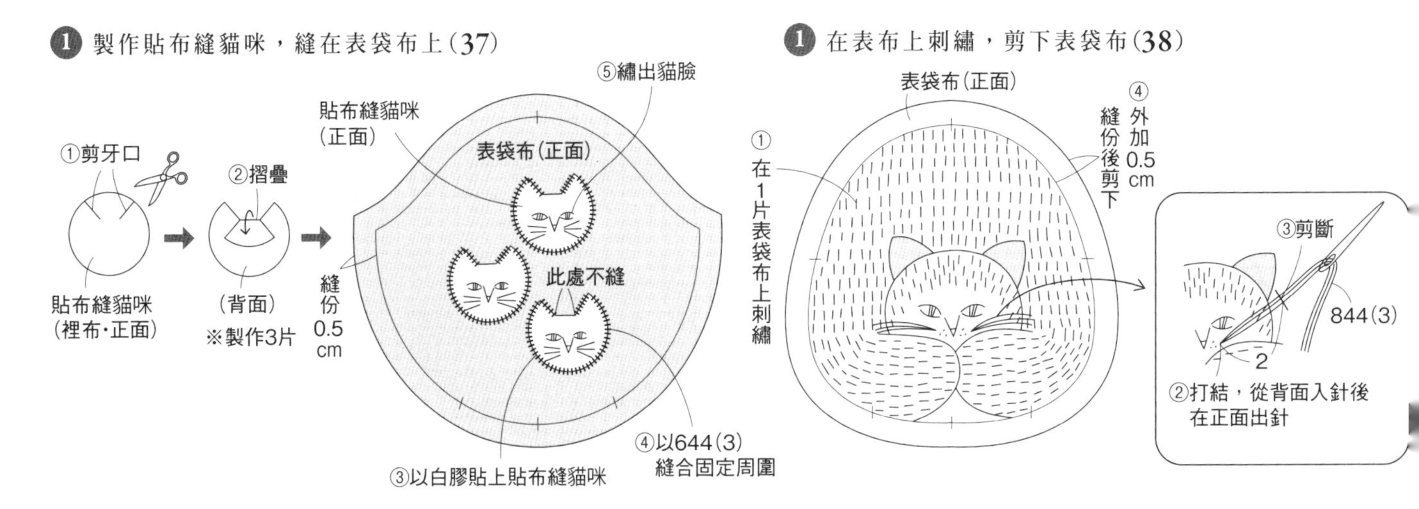
①剪牙口
②摺疊
貼布縫貓咪
（裡布・正面）
（背面）
※製作3片
貼布縫貓咪
（正面）
⑤繡出貓臉
表袋布（正面）
此處不縫
縫份0.5cm
③以白膠貼上貼布縫貓咪
④以644(3)
縫合固定周圍
表袋布（正面）
①在1片表袋布上刺繡
④外加縫份後剪下0.5cm
③剪斷
844(3)
2
②打結，從背面入針後
在正面出針

2 縫合表袋布周圍

3 縫合裡袋布周圍

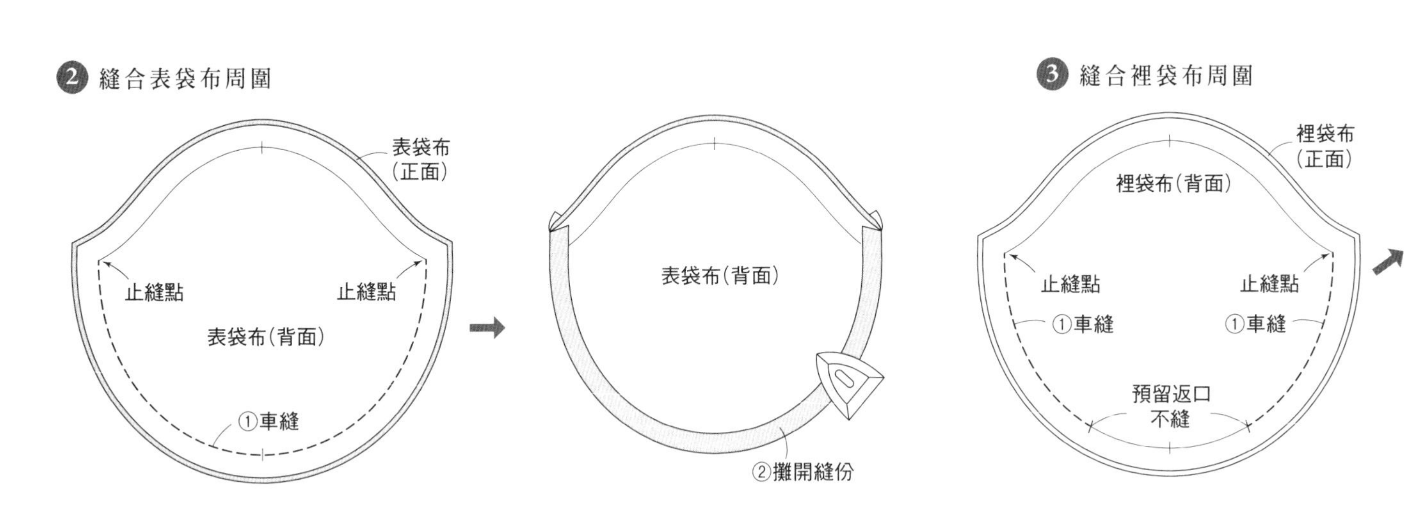
表袋布
（正面）
止縫點
止縫點
表袋布（背面）
①車縫
表袋布（背面）
②攤開縫份
裡袋布
（正面）
裡袋布（背面）
止縫點
止縫點
①車縫
①車縫
預留返口
不縫

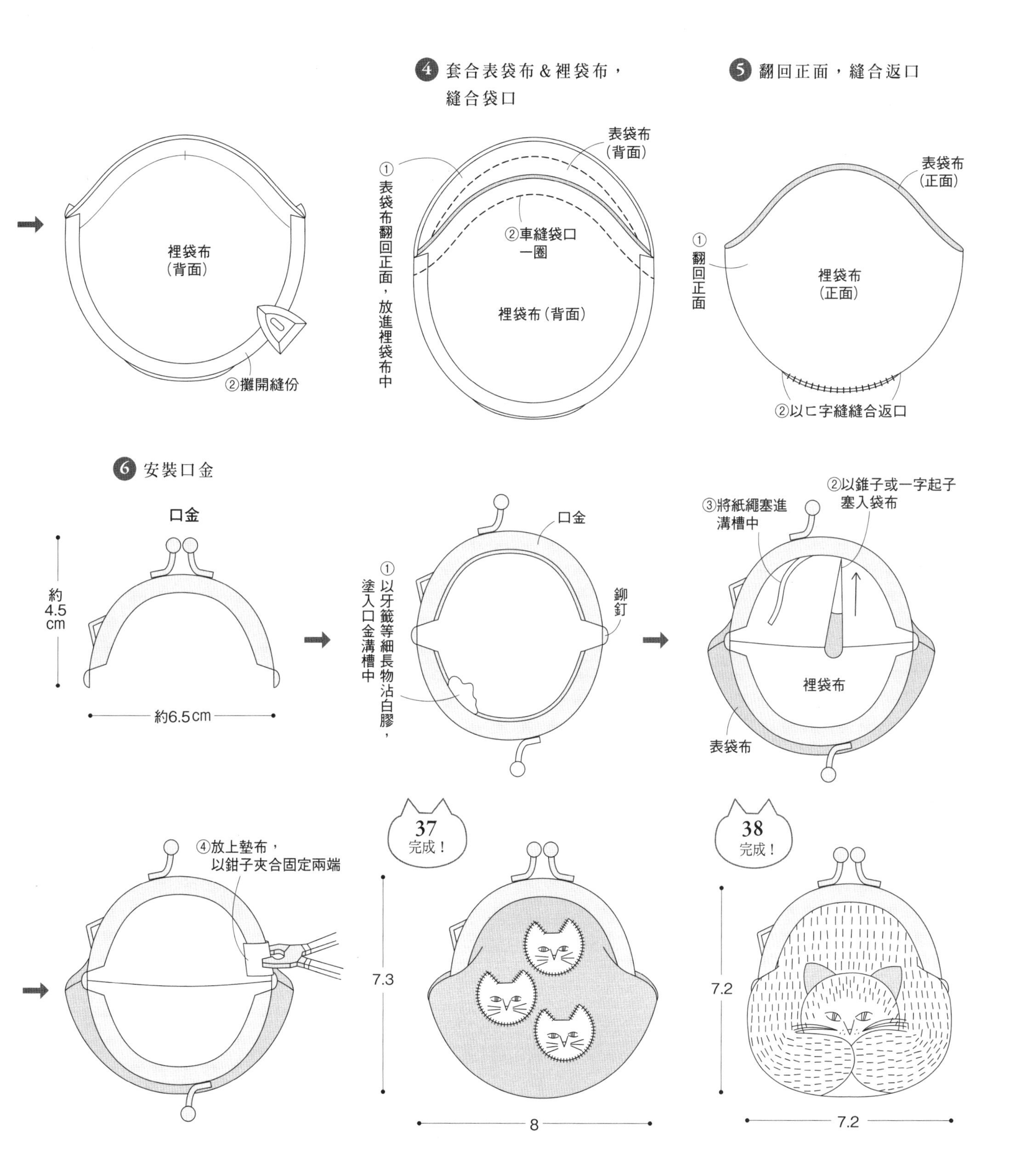

4 套合表袋布&裡袋布，縫合袋口
5 翻回正面，縫合返口
裡袋布
（背面）
②攤開縫份
表袋布
（背面）
①表袋布翻回正面，放進裡袋布中
②車縫袋口一圈
裡袋布（背面）
表袋布
（正面）
①翻回正面
裡袋布
（正面）
②以ㄈ字縫縫合返口
6 安裝口金
口金
約4.5cm
約6.5cm
①以牙籤等細長物沾白膠，塗入口金溝槽中
鉚釘
③將紙繩塞進溝槽中
②以錐子或一字起子塞入袋布
裡袋布
表袋布
④放上墊布，以鉗子夾合固定兩端
37 完成！
7.3
8
38 完成！
7.2
7.2

P.28

39・40 方形波奇包

原寸刺繡圖案／P.78

39材料

表布（亞麻布・原色）…25cm寬35cm
裡布（棉麻帆布・淺咖啡色）…25cm寬 35cm
拉鍊（20cm）…1條
麻織帶（2cm寬）…7cm 2條
DMC 25號繡線（310、520、3022）

40材料

表布（亞麻布・原色）…25cm寬35cm
裡布（棉麻帆布・淺咖啡色）…25cm寬 35cm
拉鍊（20cm）…1條
麻織帶（2cm寬）…7cm 2條
DMC 25號繡線（310）

製圖

※皆外加1cm縫份後剪下。

0.5 拉鍊位置 0.5
表袋布（表布・1片）
15.5
31
底
0.5 0.5
拉鍊位置
21

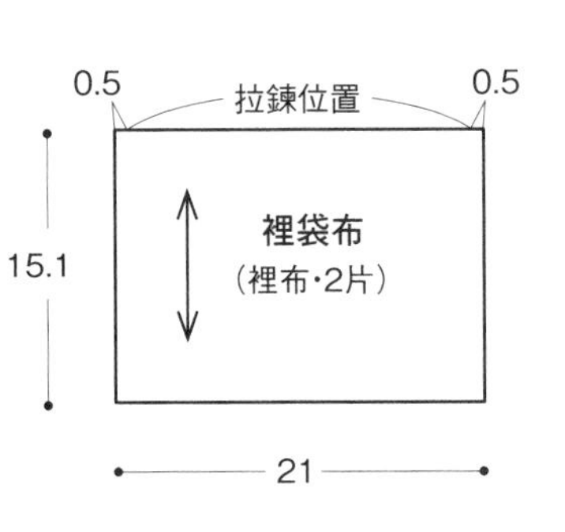
0.5
拉鍊位置
0.5
15.1
裡袋布
（裡布・2片）
21

39・40 作法

1 在表袋布上刺繡

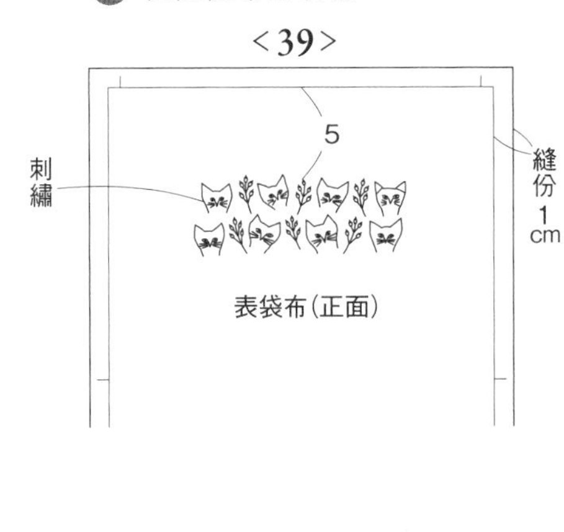
<39>
5
刺繡
縫份1cm
表袋布（正面）

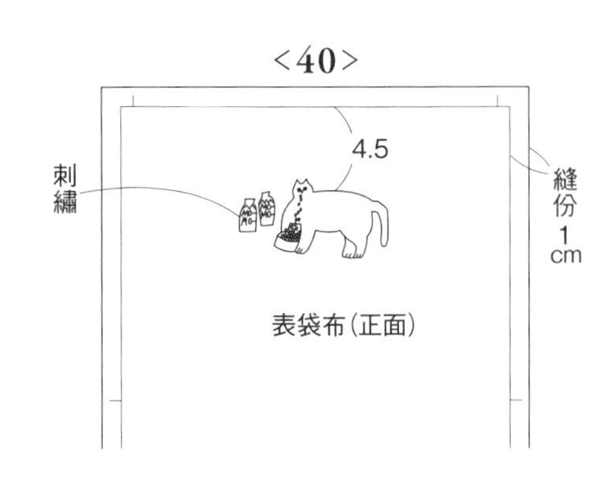
<40>
4.5
刺繡
縫份1cm
表袋布（正面）

2 縫合裡袋布的底線

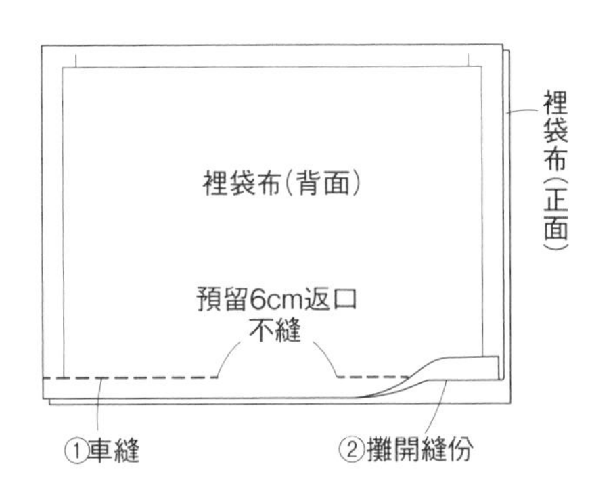
裡袋布（背面）
裡袋布（正面）
預留6cm返口
不縫
①車縫
②攤開縫份

3 縫上拉鍊

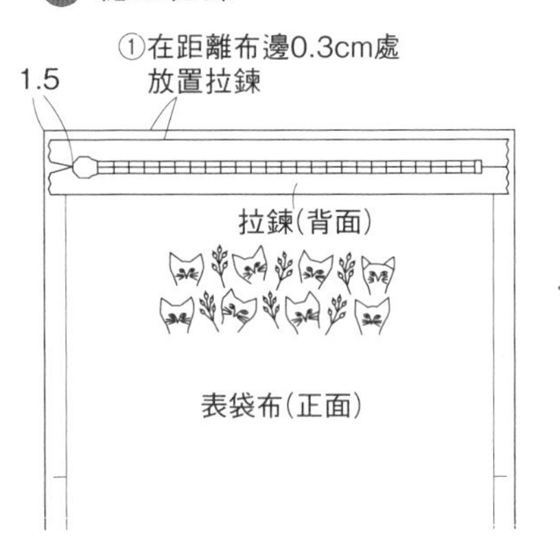
①在距離布邊0.3cm處
放置拉鍊
1.5
拉鍊（背面）
表袋布（正面）

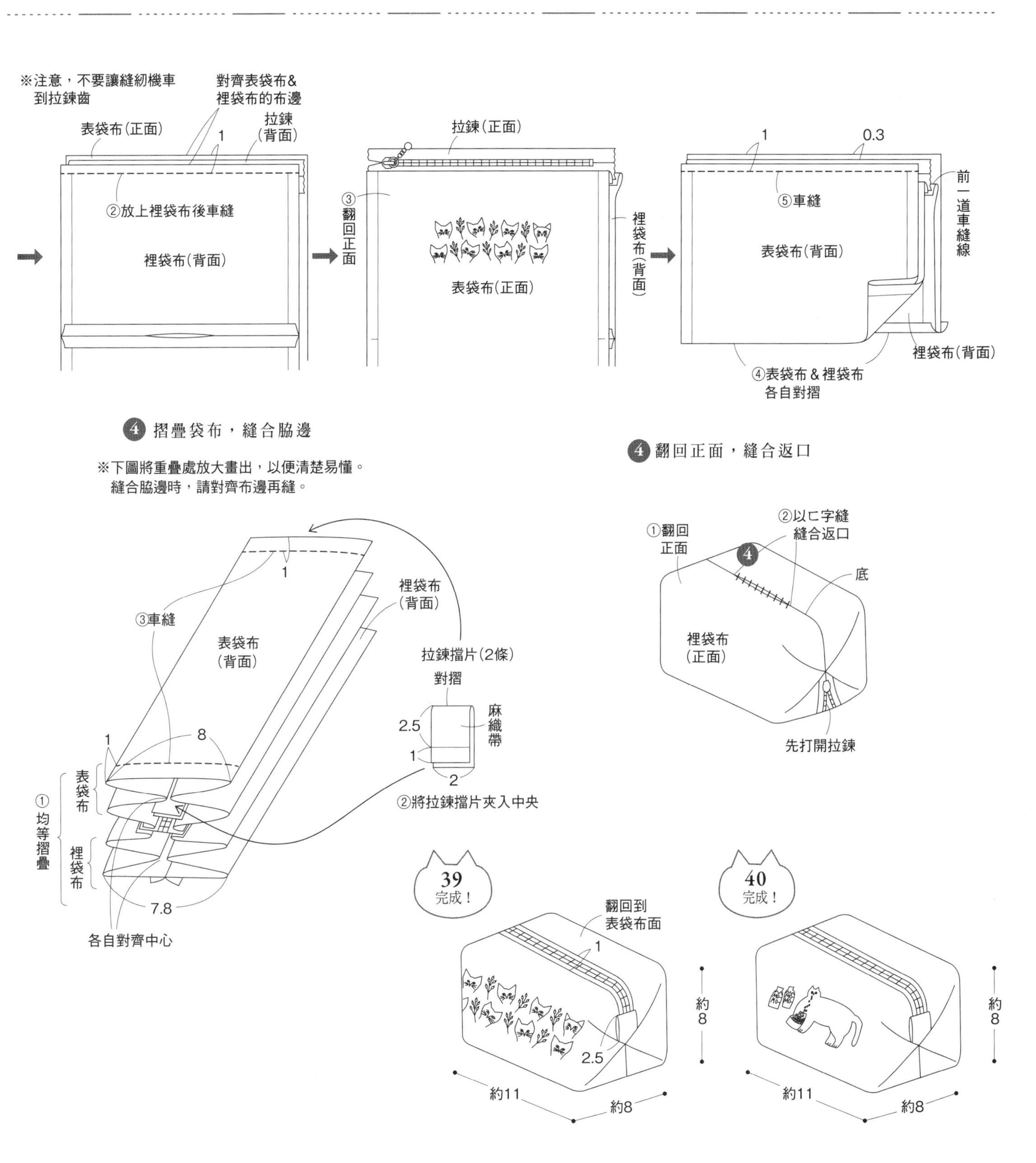

※注意，不要讓縫紉機車到拉鍊齒
對齊表袋布&裡袋布的布邊
表袋布(正面)
拉鍊(背面)
1
②放上裡袋布後車縫
裡袋布(背面)
拉鍊(正面)
③翻回正面
表袋布(正面)
裡袋布(背面)
1
0.3
前一道車縫線
⑤車縫
表袋布(背面)
裡袋布(背面)
④表袋布&裡袋布各自對摺
4 摺疊袋布，縫合脇邊
※下圖將重疊處放大畫出，以便清楚易懂。
縫合脇邊時，請對齊布邊再縫。
1
③車縫
表袋布(背面)
裡袋布(背面)
拉鍊擋片(2條)
對摺
2.5
麻織帶
1
2
②將拉鍊擋片夾入中央
1
8
①均等摺疊
表袋布
裡袋布
7.8
各自對齊中心
4 翻回正面，縫合返口
①翻回正面
②以ㄈ字縫縫合返口
底
裡袋布(正面)
先打開拉鍊
39 完成！
40 完成！
翻回到表袋布面
1
2.5
約8
約11
約8
約8
約11
約8

39 原寸刺繡圖案

※刺繡標示的讀法參見P.43。

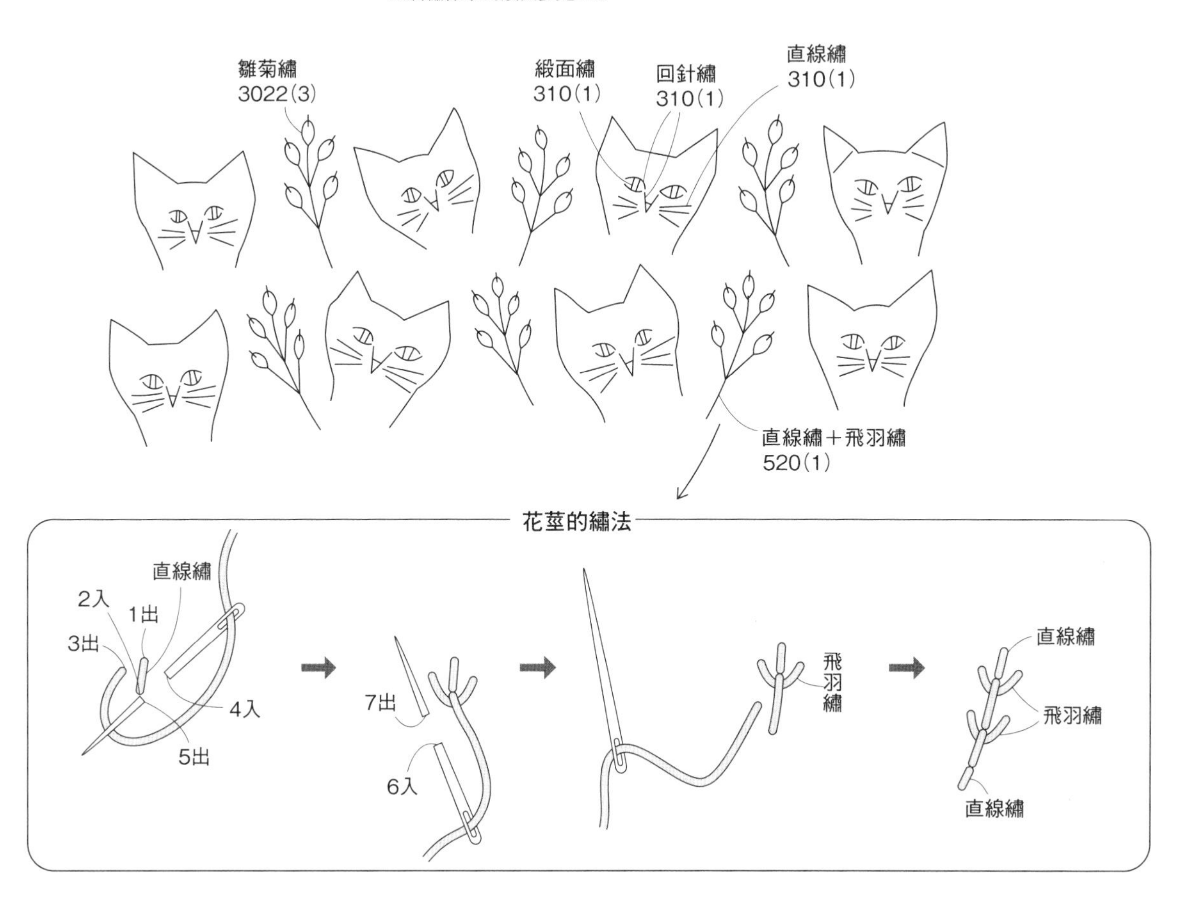

雛菊繡
3022(3)
緞面繡
310(1)
回針繡
310(1)
直線繡
310(1)
直線繡＋飛羽繡
520(1)
花莖的繡法
直線繡
2入
1出
3出
4入
5出
7出
6入
飛羽繡
直線繡
飛羽繡
直線繡

40 原寸刺繡圖案

※刺繡標示的讀法參見P.43。

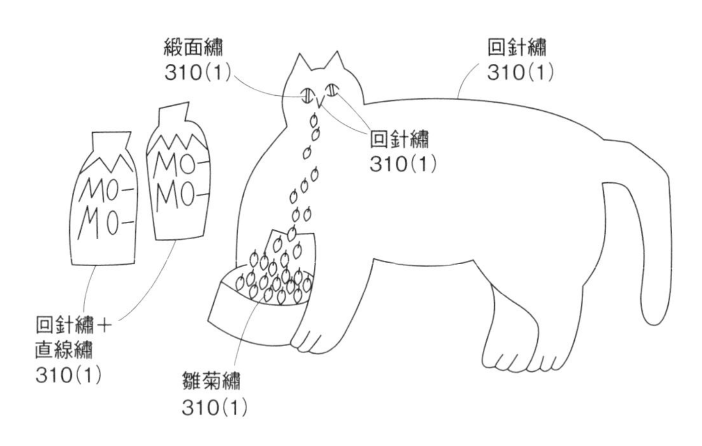

緞面繡
310(1)
回針繡
310(1)
回針繡
310(1)
MO-
MO-
MO-
MO-
回針繡＋
直線繡
310(1)
雛菊繡
310(1)

41 原寸刺繡圖案

※刺繡標示的讀法參見P.43。

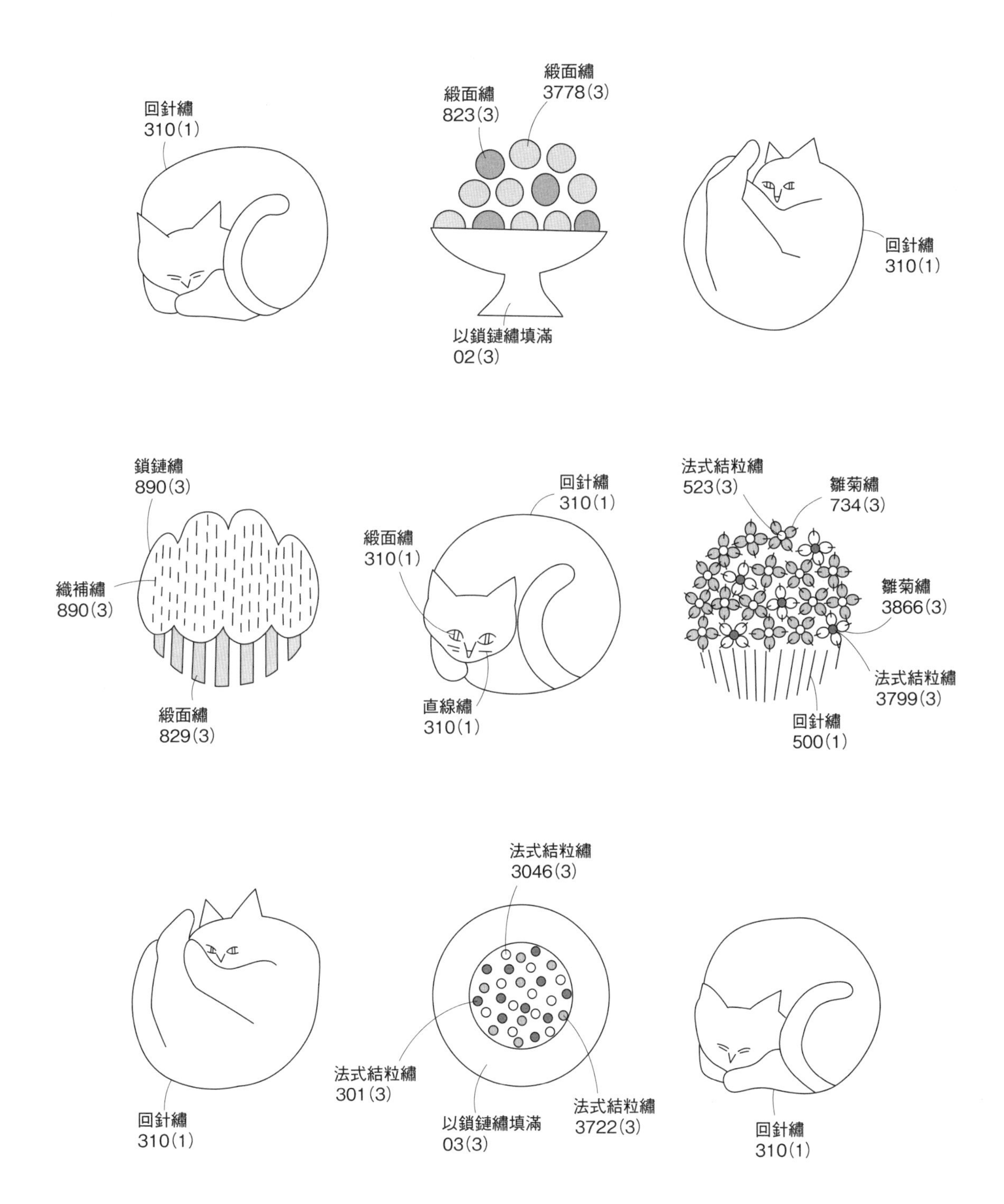

回針繡
310(1)
緞面繡
823(3)
緞面繡
3778(3)
以鎖鏈繡填滿
02(3)
回針繡
310(1)
鎖鏈繡
890(3)
織補繡
890(3)
緞面繡
829(3)
緞面繡
310(1)
回針繡
310(1)
直線繡
310(1)
法式結粒繡
523(3)
雛菊繡
734(3)
雛菊繡
3866(3)
法式結粒繡
3799(3)
回針繡
500(1)
回針繡
310(1)
法式結粒繡
3046(3)
法式結粒繡
301(3)
以鎖鏈繡填滿
03(3)
法式結粒繡
3722(3)
回針繡
310(1)

P.29 41 方形波奇包

原寸刺繡圖案／P.79

材料

表布（亞麻布・米色）…35cm寬50cm
裡布（亞麻布・淺米色）…25cm寬50cm
DMC 25號繡線（02、03、301、310、500、523、734、823、829、890、3046、3722、3778、3799、3866）

製圖

※除了提把之外，皆外加1cm縫份後剪下。

提把位置
4.5 4.5
表袋布
（表布・1片）
裡袋布
（裡布・1片）
24
48
底
4.5 4.5
提把位置
20

提把
（表布・2片）
34
剪下
5

作法

1 在表袋布上刺繡

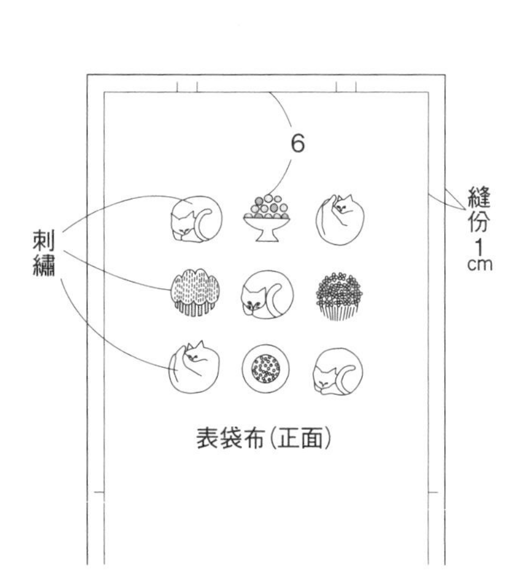
6
刺繡
縫份1cm
表袋布（正面）

2 縫合表袋布脇邊

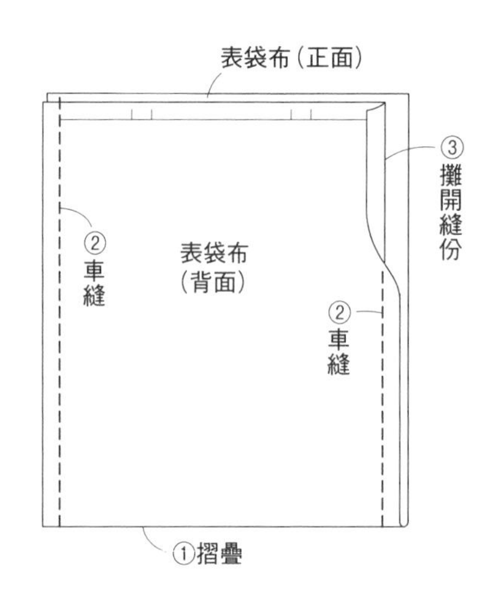
表袋布（正面）
③攤開縫份
②車縫
表袋布（背面）
②車縫
①摺疊

3 縫合裡袋布脇邊

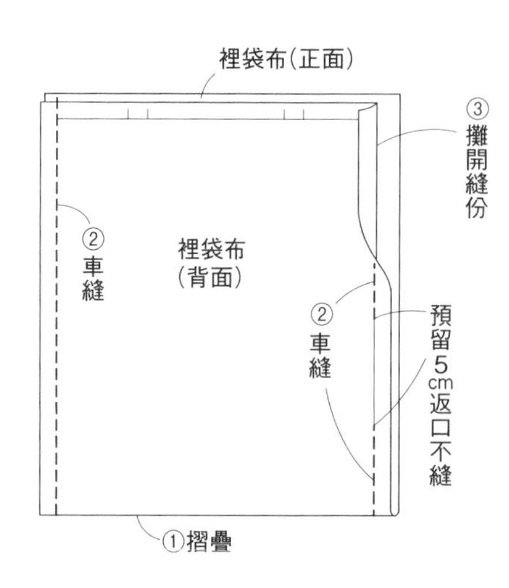
裡袋布（正面）
③攤開縫份
②車縫
裡袋布（背面）
②車縫
預留5cm返口不縫
①摺疊

❹ 製作＆縫上提把

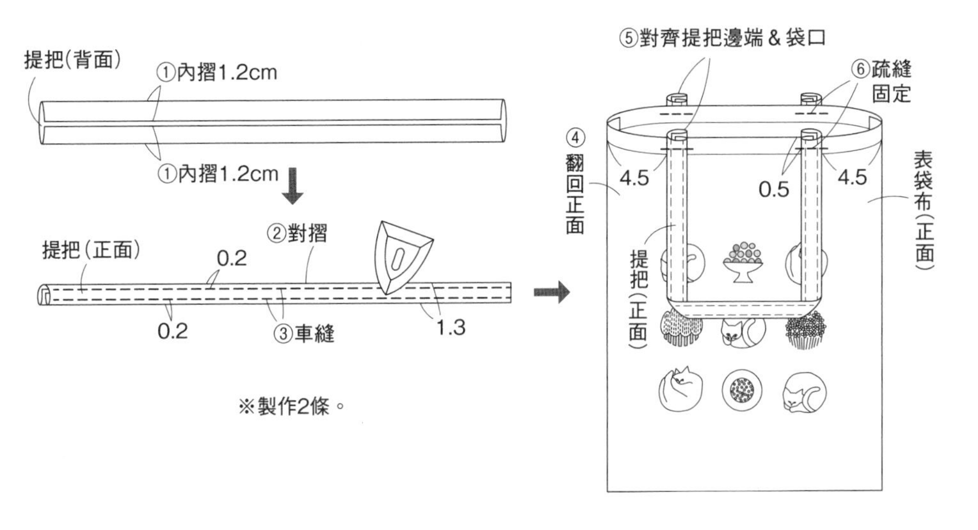
提把(背面)
①內摺1.2cm
①內摺1.2cm
②對摺
提把(正面)
0.2
0.2
③車縫
1.3
※製作2條。
⑤對齊提把邊端＆袋口
⑥疏縫
固定
④
翻回正面
4.5
0.5
4.5
表袋布(正面)
提把(正面)

❺ 套合表袋布＆裡袋布，縫合袋口

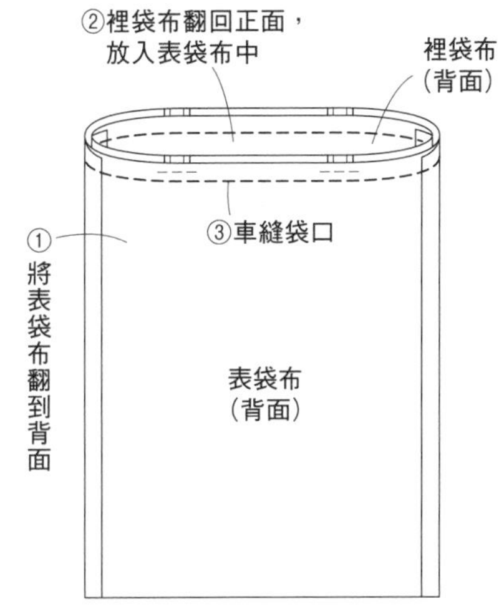
②裡袋布翻回正面，
放入表袋布中
裡袋布
(背面)
③車縫袋口
①
將表袋布翻到背面
表袋布
(背面)

❻ 翻回正面，縫合返口

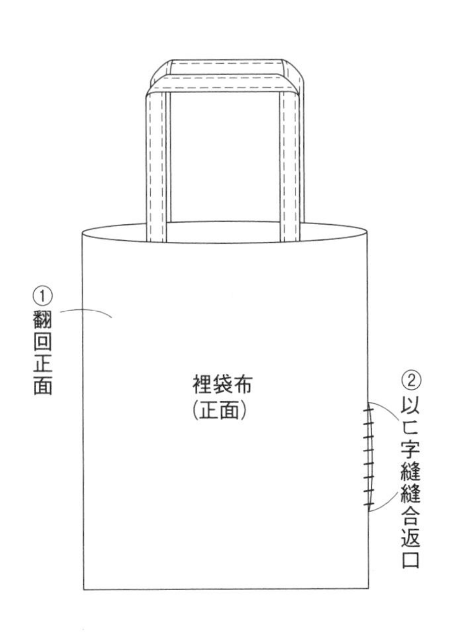
①
翻回正面
裡袋布
(正面)
②
以匚字縫縫合返口

❼ 在袋口車縫裝飾線

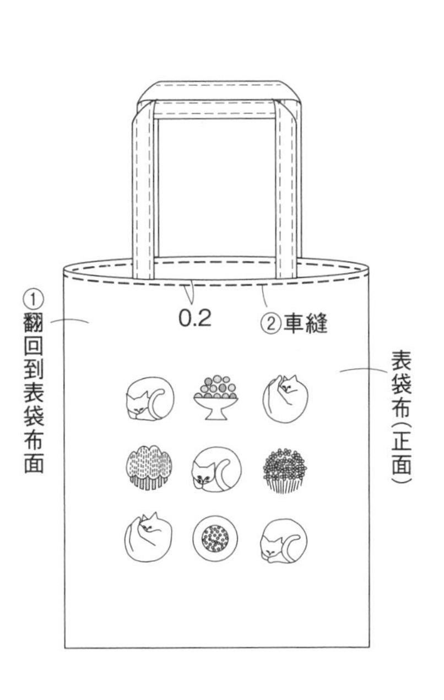
①
翻回到表袋布面
0.2
②車縫
表袋布(正面)

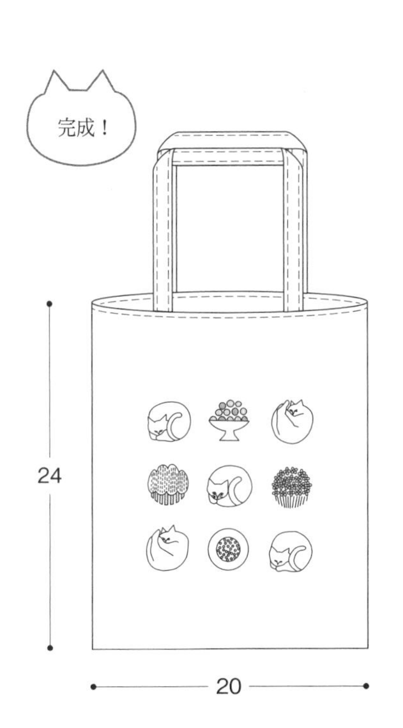
完成！
24
20

P.30 **42・43** 魚板形小物包

原寸紙型＆刺繡圖案／42＝P.84・43＝P.85

42材料

A布（亞麻布・米色）…18cm寬25cm
B布（棉麻・格子）…18cm寬25cm
C布（亞麻布・深藍色）…60cm寬50cm
鋪棉…18cm寬25cm
拉鍊（20cm）…1條
DMC 25號繡線（310）
DMC 珍珠棉5號線（939）
壓線

43材料

A布（亞麻布・米色）…18cm寬25cm
B布（棉麻・格子）…18cm寬25cm
C布（亞麻布・深藍色）…60cm寬50cm
鋪棉…18cm寬25cm
拉鍊（20cm）…1條
DMC 25號繡線（310、ECRU）
DMC 珍珠棉5號線（939）
壓線

42・43 作法

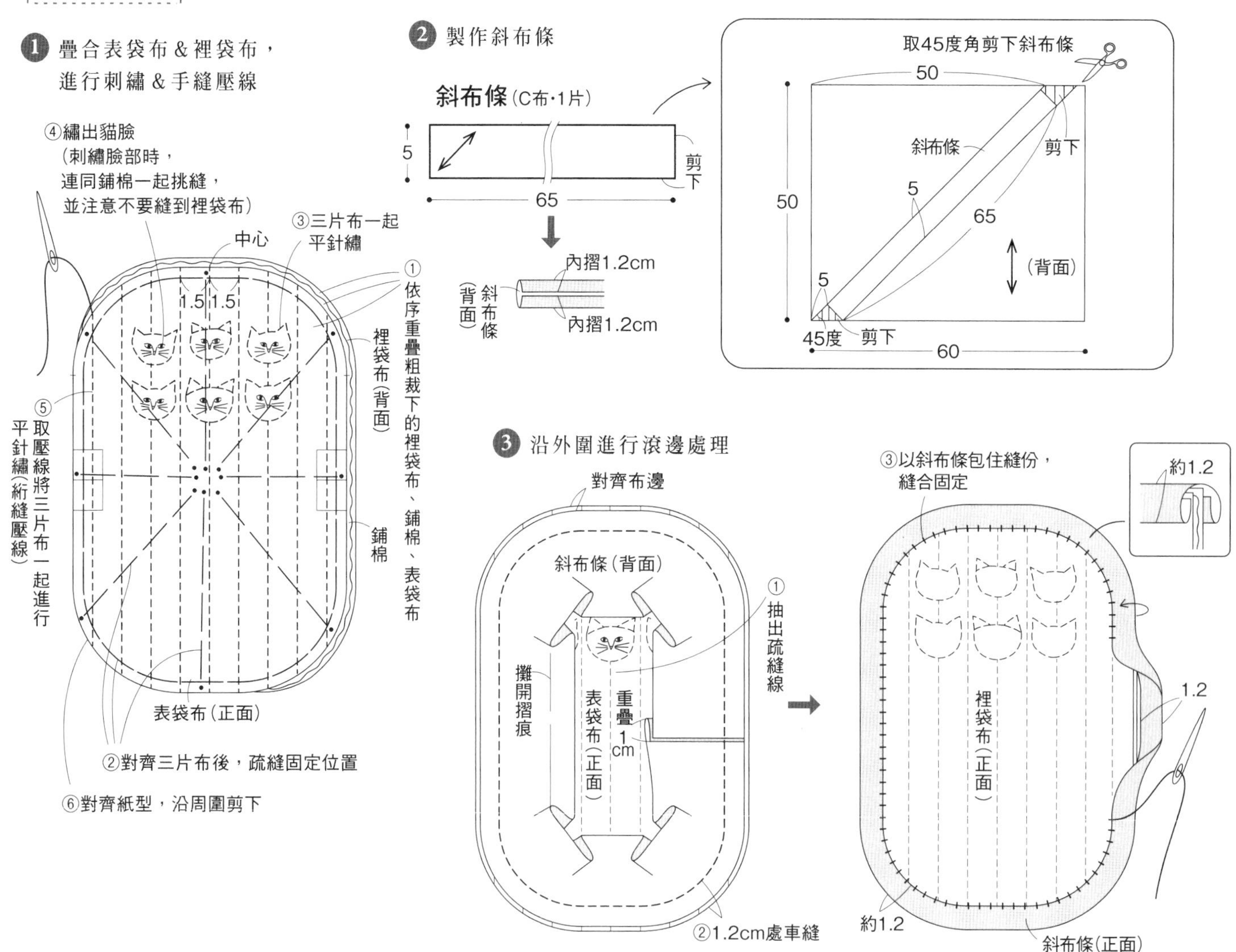

1 疊合表袋布＆裡袋布，進行刺繡＆手縫壓線
④繡出貓臉
(刺繡臉部時，
連同鋪棉一起挑縫，
並注意不要縫到裡袋布)
③三片布一起平針繡
中心
1.5 1.5
①依序重疊粗裁下的裡袋布、鋪棉、表袋布
裡袋布(背面)
鋪棉
⑤取壓線將三片布一起進行平針繡(絎縫壓線)
表袋布(正面)
②對齊三片布後，疏縫固定位置
⑥對齊紙型，沿周圍剪下
2 製作斜布條
斜布條(C布・1片)
5
65
剪下
內摺1.2cm
內摺1.2cm
斜布條(背面)
取45度角剪下斜布條
50
斜布條
剪下
5
65
50
(背面)
5
45度
剪下
60
3 沿外圍進行滾邊處理
對齊布邊
斜布條(背面)
①抽出疏縫線
攤開摺痕
表袋布(正面)
重疊1cm
②1.2cm處車縫
③以斜布條包住縫份，縫合固定
約1.2
1.2
裡袋布(正面)
約1.2
斜布條(正面)

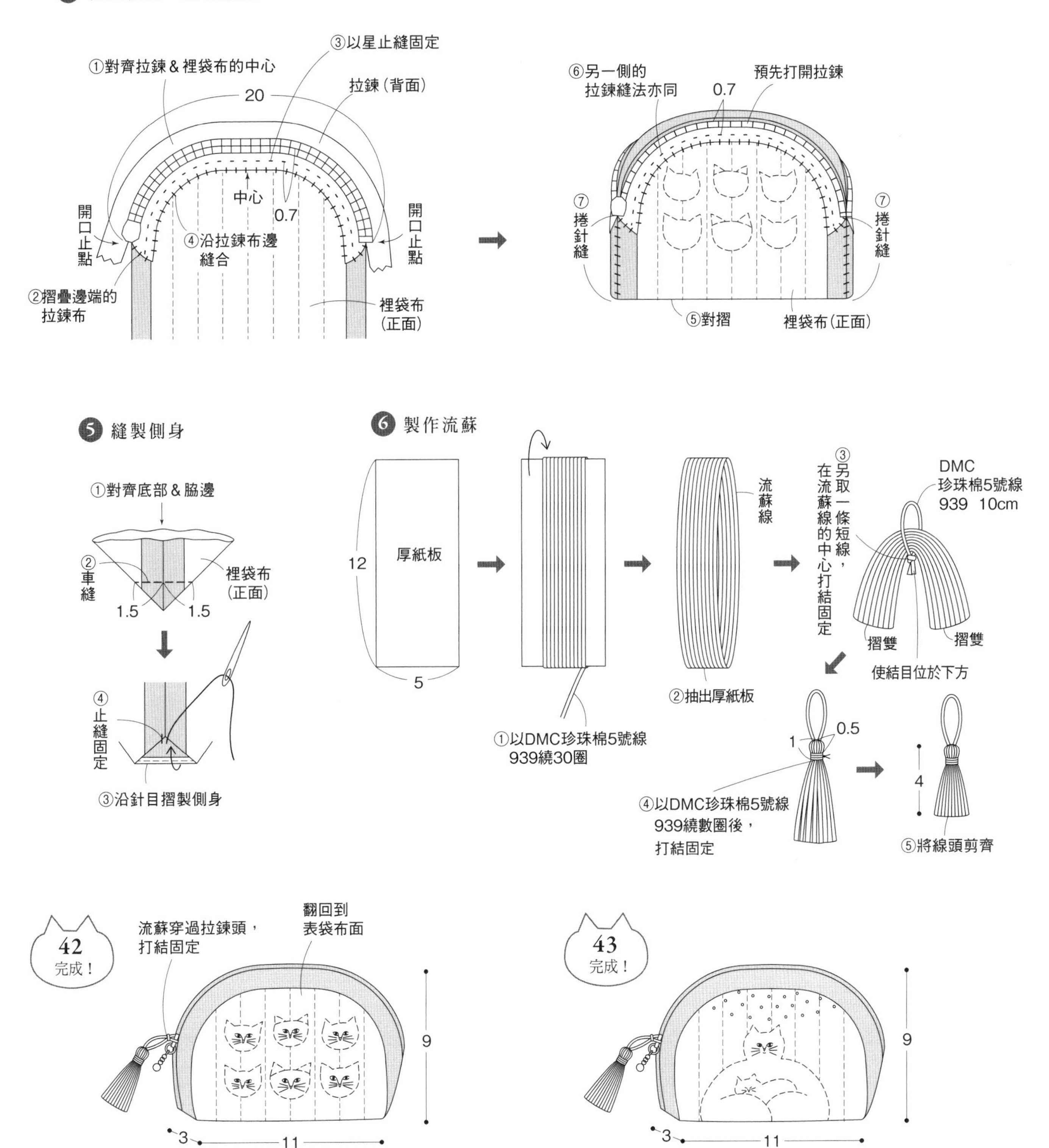

4 縫上拉鍊，縫合脇邊
③以星止縫固定
①對齊拉鍊＆裡袋布的中心
20
拉鍊（背面）
中心
0.7
開口止點
④沿拉鍊布邊縫合
②摺疊邊端的拉鍊布
裡袋布（正面）
⑥另一側的拉鍊縫法亦同
預先打開拉鍊
0.7
⑦捲針縫
⑤對摺
裡袋布（正面）
5 縫製側身
①對齊底部＆脇邊
②車縫
裡袋布（正面）
1.5
1.5
④止縫固定
③沿針目摺製側身
6 製作流蘇
厚紙板
12
5
①以DMC珍珠棉5號線939繞30圈
②抽出厚紙板
流蘇線
③另取一條短線，在流蘇線的中心打結固定
DMC珍珠棉5號線939 10cm
摺雙
摺雙
使結目位於下方
1
0.5
④以DMC珍珠棉5號線939繞數圈後，打結固定
4
⑤將線頭剪齊
42 完成！
流蘇穿過拉鍊頭，打結固定
翻回到表袋布面
9
3
11
43 完成！
9
3
11

42 原寸紙型・刺繡圖案

※不外加縫份，直接剪下。
※刺繡標示的讀法參見P.43。

表袋布(A布·鋪棉·各1片)
裡袋布(B布·1片)

※A布、B布、鋪棉先大致粗裁，
絎縫壓線完成後，
再疊上紙型沿邊剪下。

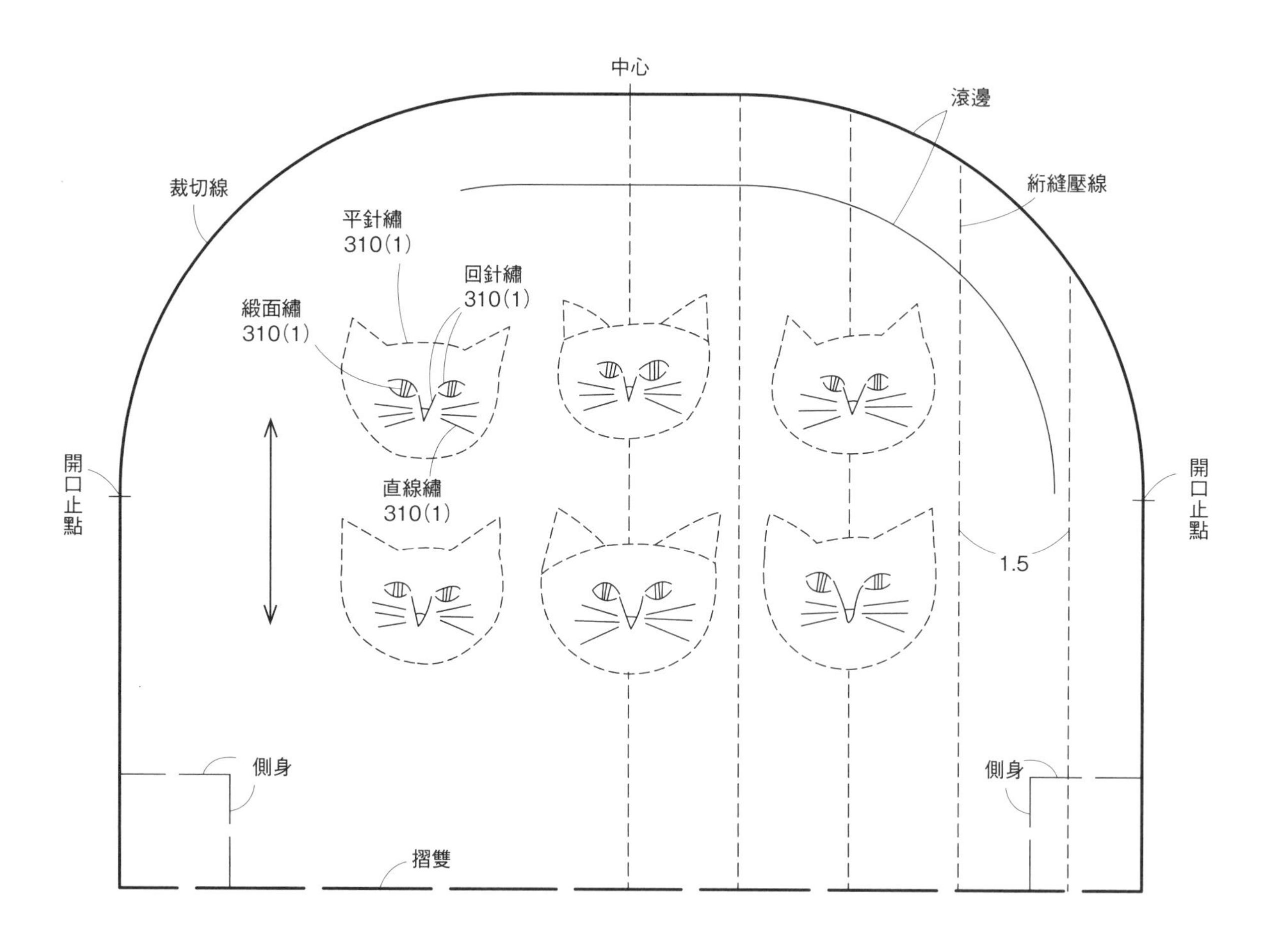

中心
滾邊
裁切線
絎縫壓線
平針繡
310(1)
回針繡
310(1)
緞面繡
310(1)
直線繡
310(1)
開口止點
開口止點
1.5
側身
側身
摺雙

43 原寸紙型・刺繡圖案

※不外加縫份，直接剪下。

※刺繡標示的讀法參見P.43。

表袋布(A布・鋪棉・各1片)
裡袋布(B布・1片)

※A布、B布、鋪棉先大致粗裁，
絎縫壓線壓線完成後，
再疊上紙型沿邊剪下。

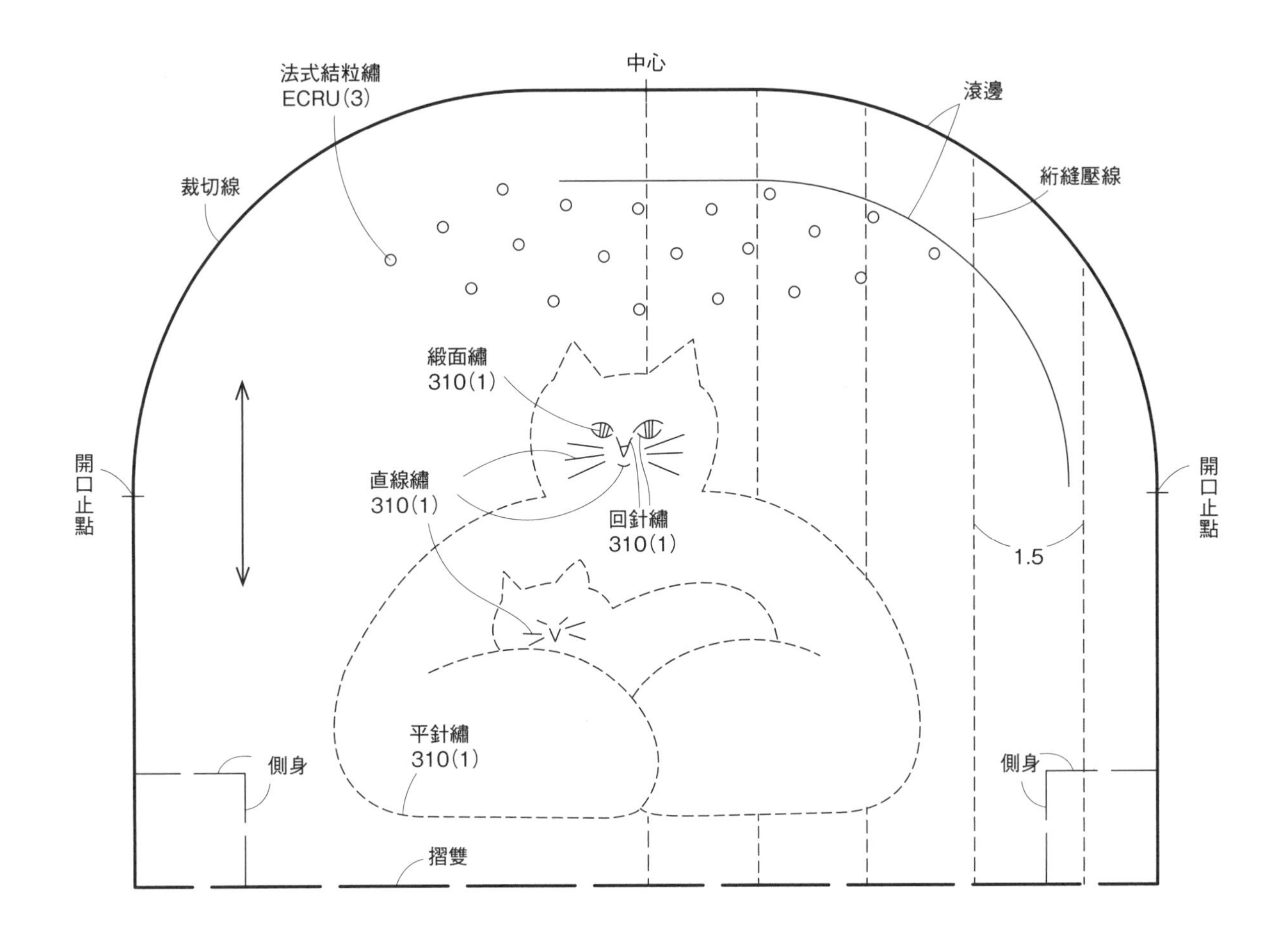

法式結粒繡
ECRU(3)
中心
滾邊
裁切線
絎縫壓線
緞面繡
310(1)
開口止點
直線繡
310(1)
回針繡
310(1)
開口止點
1.5
平針繡
310(1)
側身
側身
摺雙

P.31 44 斜背束口袋

原寸刺繡圖案／P.88

材料

表布（亞麻布・青綠色）…65cm寬30cm
裡布（亞麻布・原色）…60cm寬30cm
圓繩（粗0.4cm）…150cm 2條
DMC 25號繡線（310、644）

製圖

※外加1cm縫份後剪下。

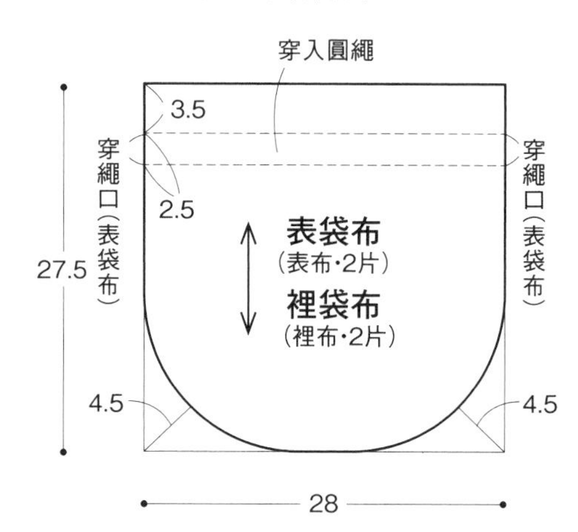

穿入圓繩
3.5
2.5
穿繩口（表袋布）
27.5
表袋布
（表布・2片）
裡袋布
（裡布・2片）
4.5
4.5
28

作法

1 在表袋布上刺繡

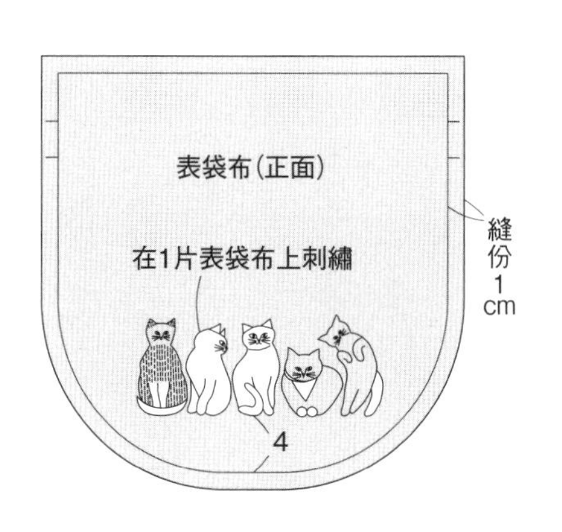

表袋布（正面）
在1片表袋布上刺繡
縫份1cm
4

2 預留穿繩口，縫合表袋布周圍

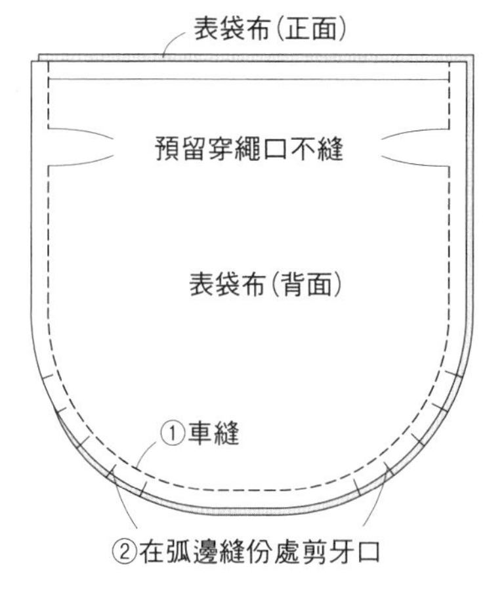

表袋布（正面）
預留穿繩口不縫
表袋布（背面）
①車縫
②在弧邊縫份處剪牙口

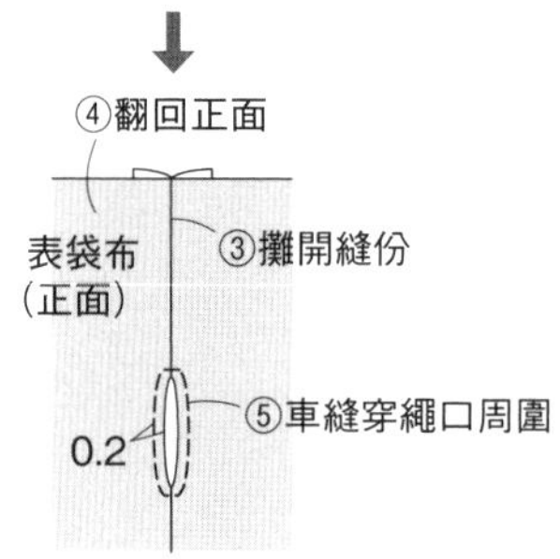

④翻回正面
表袋布（正面）
③攤開縫份
0.2
⑤車縫穿繩口周圍

3 縫合裡袋布周圍

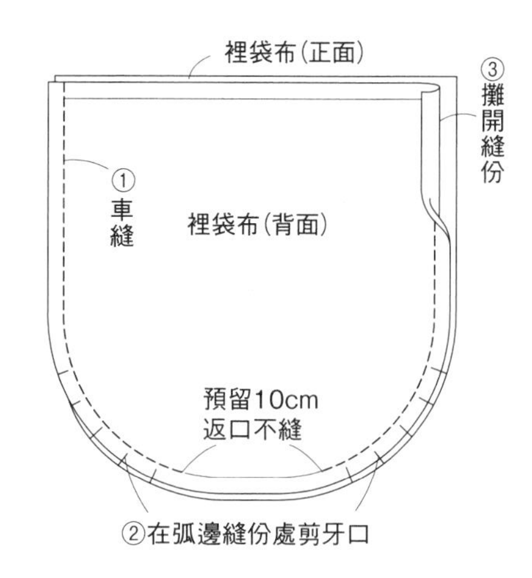

裡袋布（正面）
③攤開縫份
①車縫
裡袋布（背面）
預留10cm返口不縫
②在弧邊縫份處剪牙口

❹ 套合表袋布&裡袋布，縫合袋口

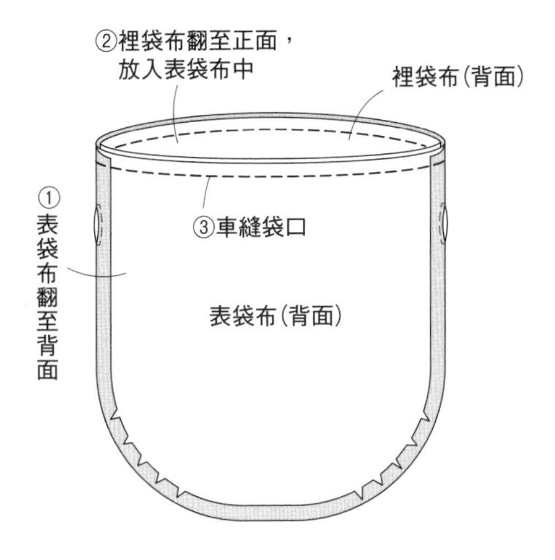
②裡袋布翻至正面，
放入表袋布中
裡袋布(背面)
①表袋布翻至背面
③車縫袋口
表袋布(背面)

❺ 翻回正面，縫合返口

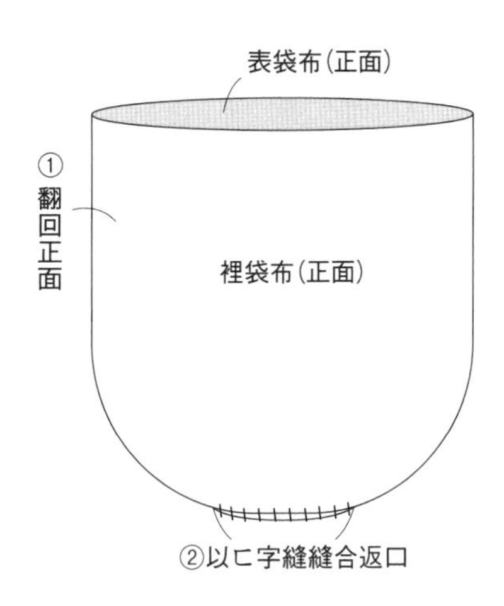
表袋布(正面)
①翻回正面
裡袋布(正面)
②以ㄈ字縫縫合返口

❻ 車縫穿繩通道

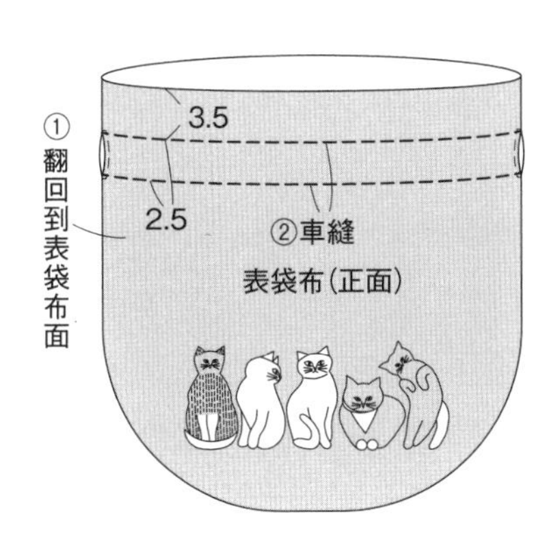
①翻回到表袋布面
3.5
2.5
②車縫
表袋布(正面)

❼ 穿入圓繩

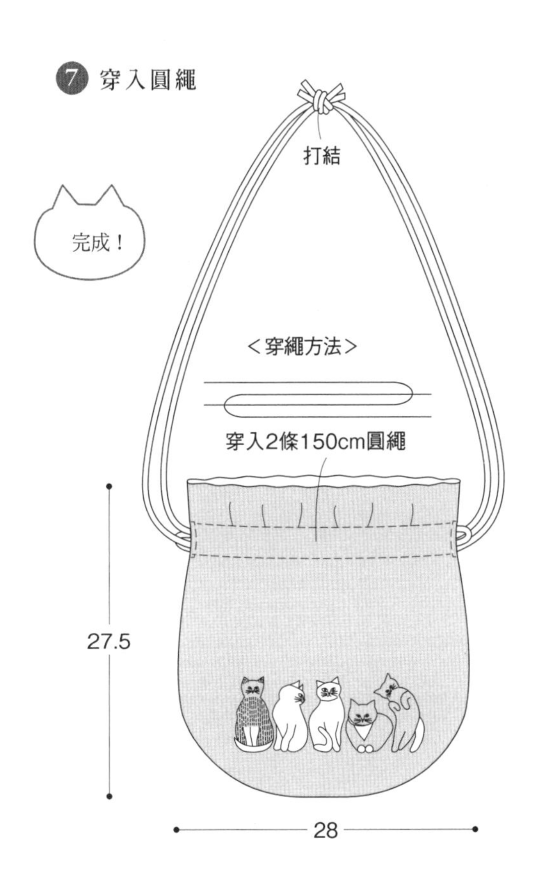
打結
完成！
<穿繩方法>
穿入2條150cm圓繩
27.5
28

44 原寸刺繡圖案

※刺繡標示的讀法參見P.43。

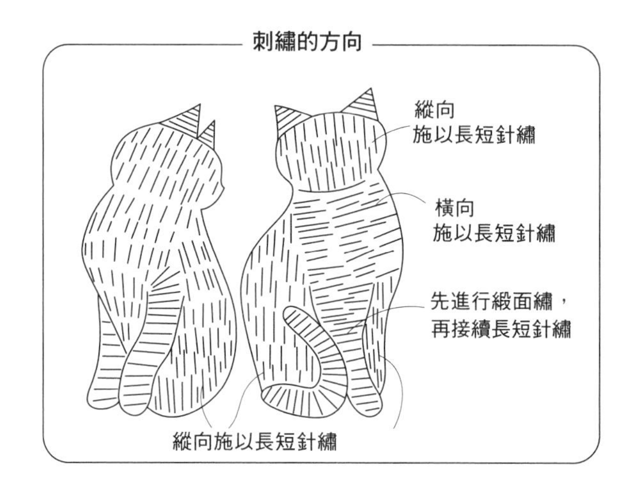
刺繡的方向
縱向
施以長短針繡
橫向
施以長短針繡
先進行緞面繡，
再接續長短針繡
縱向施以長短針繡

織補繡
644(3)
緞面繡
644(6)
緞面繡
310(1)
回針繡
310(1)
直線繡
310(1)
回針繡
644(1)
直線繡
644(1)
緞面繡
644(1)
鎖鏈繡
644(3)
鎖鏈繡
644(3)
緞面繡
644(3)
緞面繡
644(6)
長短針繡
644(6)
緞面繡
644(6)
緞面繡
644(3)
長短針繡
644(3)
以鎖鏈繡填滿
644(3)

趣・手藝 111

愛貓日常・插畫風刺繡小物

作　　者／nekogao
譯　　者／黃盈琪
發 行 人／詹慶和
執行編輯／陳姿伶
編　　輯／蔡毓玲・劉蕙寧・黃璟安
執行美編／陳麗娜
美術編輯／周盈汝・韓欣恬
出 版 者／Elegant-Boutique新手作
發 行 者／悅智文化事業有限公司　郵政劃撥帳號／19452608
戶　　名／悅智文化事業有限公司
地　　址／220新北市板橋區板新路206號3樓
網　　址／www.elegantbooks.com.tw
電子郵件／elegant.books@msa.hinet.net
電　　話／(02)8952-4078
傳　　真／(02)8952-4084

2022年3月初版一刷　定價350元

Lady Boutique Series No.8057
NEKOGAO NO SHISHU BROOCH TO KOMONO

經銷／易可數位行銷股份有限公司
地址／新北市新店區寶橋路235 巷6 弄3 號5 樓
電話／(02)8911-0825
傳真／(02)8911-0801

國家圖書館出版品預行編目(CIP)資料

愛貓日常.插畫風刺繡小物/nekogao著；黃盈琪譯.
-- 初版. -- 新北市：Elegant-Boutique新手作出版：
悅智文化事業有限公司發行, 2022.03
面；　公分. -- (趣.手藝；111)
ISBN 978-957-9623-84-1(平裝)

1.CST: 刺繡 2.CST: 手工藝

426.2　　111002439

繡線提供商店
ディー・エム・シー
https://www.dmc.com/

口金提供商店
INAZUMA <植村>
http://www.inazuma.biz/

攝影協助
・AWABEES
・UTUWA

staff
編輯…矢口佳那子、小堺久美子
作法校閱…三城洋子
攝影…藤田律子
書本設計…小池佳代
作法插圖…白井麻衣